수학의 깊이를 더하는 [STEIN 복소해석학] 강의노트

김영원 지음

지은이 **김영원**

서울대학교 수학과를 졸업한 뒤 동대학원에서 수학과 박사 학위를 받았다. 세종대학교 수학과에서 부교수를 지낸 뒤 서울대학교 수리과학부 교수로 재직하였으며, 현재 서울대학교 수리과학부 명예교수이다. 주요 연구 분야는 복소변수함수와 기호동역학이다. 『기초 복소 해석』(서울대학교출판부, 2014)을 공동 저술하였으며, 『STEIN 복소해석학』(한빛아카데미, 2022)을 감수하였다.

수학의 깊이를 더하는
『STEIN 복소해석학』 강의노트

초판발행 2023년 11월 20일

지은이 김영원 / **펴낸이** 전태호
펴낸곳 한빛아카데미㈜ / **주소** 서울시 서대문구 연희로2길 62 한빛아카데미㈜ 2층
전화 02-336-7112 / **팩스** 02-336-7199
등록 2013년 1월 14일 제2017-000063호 / **ISBN** 979-11-5664-673-0 93410

총괄 김현용 / **책임편집** 김은정 / **기획·편집** 윤세은
디자인 이아란 / **전산편집** 김강수, 이소연 / **제작** 박성우, 김정우
영업 김태진, 김성삼, 이정훈, 임현기, 이성훈, 김주성 / **마케팅** 길진철, 김호철, 심지연

이 책에 대한 의견이나 오탈자 및 잘못된 내용에 대한 수정 정보는 아래 이메일로 알려주십시오.
잘못된 책은 구입하신 서점에서 교환해 드립니다. 책값은 뒤표지에 표시되어 있습니다.

홈페이지 www.hanbit.co.kr / 이메일 question@hanbit.co.kr

지은이 머리말

대학에서 학부생을 대상으로 〈복소함수론〉을 여러 번 강의하였는데, 몇 년 전부터는 주로 Stein, Shakarchi의 『Complex Analysis』(Princeton University Press, 2003)를 교재로 사용하였다. 모든 교재에는 장단점이 있게 마련인데, 『Complex Analysis』에 장점이 많다고 판단하였기 때문이다. 강의를 진행할 때 대체로 교재의 내용을 따라갔다. 그러나 교재의 논의가 너무 어려웠을 때, 교재에는 없지만 교재 내용을 체계적으로 이해하는 데 필요한 것이 있을 때, 교재 내용을 글자 그대로 받아들이면 다소 혼란스러운 결론에 이르게 될 때, 교재에 주어진 것보다 더 좋은 논의 과정 또는 계산 과정이 있을 때, 또는 기타 이유로 교재와 **다르게** 강의를 진행하는 것이 더 바람직하다고 판단했을 때는 언제나 그렇게 본인의 판단에 따라 강의를 진행했다. 이 책에 실린 글의 대다수는 『STEIN 복소해석학』과 다르게 강의했던 내용을 정리한 것이다.

이 책은 『STEIN 복소해석학』의 내용을 보충하거나 부연 설명하는 40개의 글로 이루어져 있다. 모든 글의 형식을 통일시키기보다는 엄밀하고 이해하기 쉬운 논의를 소개하려고 노력했다. 특히 표기법에 신경을 많이 썼다.

대학에서 강의하려면 강의를 구성하는 내용을 **선택**할 수밖에 없다. 너무 많은 것을 포함시키면 수강생에게 불필요한 부담을 주기 때문이다. 물론 책을 집필할 때도 그러한 제한이 있지만, 강의를 준비할 때보다는 조금 더 자유롭게 내용을 선택해도 된다고 생각했다. 이런 까닭에서 강의에서 다루지 않았던 내용도 책에 포함했다. 이를테면 8장 [글 8-E]의 내용을 강의에서 다루는 것은 적절치 않지만, 책에는 포함시켜도 된다고 생각했다.

수학 전공 교재를 읽는 법

대학에 입학하여 수학 전공과목을 처음 공부하는 사람의 대부분은 교재를 읽는 속도가 너무 느리다는 사실을 접하고 당황할 때가 있다. 아무리 생각해도 책의 특정 부분이 이해되지 않는데 시간만 속절없이 흘러가서 답답했던 경험이 있을 것이다.

지은이 머리말

이를테면『STEIN 복소해석학』120쪽에 다음과 같은 내용이 있다.

> … 여기서 γ는 Ω에서 z_0와 z를 잇는 임의의 경로이며 c_0는 $e^{c_0} = f(z_0)$인 복소수다. Ω가 단순연결집합이므로 이 정의는 경로 γ에 무관하다. 2장 정리 2.1의 증명과 같이 논증하여 g는 복소해석적이며
>
> $$g'(z) = \frac{f'(z)}{f(z)}$$
>
> 가 성립함을 알 수 있다. …

어떤 사람이『STEIN 복소해석학』을 읽다가 이 부분을 이해할 수 없다고 하자. 이 사람은 이제 무슨 일을 할까? 왜 "Ω가 단순연결집합이므로 이 정의는 경로 γ에 무관"한지 모르겠으면, 단순연결집합의 정의부터 확인할 것이다. 또한 g를 정의하는 적분이 경로에 무관한 까닭이 Ω가 단순연결집합인 것과 무슨 관계에 있는지 알아보기 위해 책에서 이 내용보다 앞에 있는 부분을 살펴볼 것이다. 만약 "2장 정리 2.1의 증명과 같이 논증하여 g는 복소해석적이며…"를 이해하지 못했다면, 2장 정리 2.1의 증명을 다시 살펴볼 것이다. 이렇게 함으로써 단순연결집합의 주요 성질을 한 번 더 확인하든가, 또는 2장 정리 2.1의 증명에 사용된 기법을 더 깊이 이해하게 될 것이다. 요컨대, 책을 읽다가 이해가 되지 않는 부분을 만나면 그 부분을 이해하려는 노력을 함으로써 자신의 지식과 기법을 더 키운다.

이것은 연습문제를 풀 때도 마찬가지이다. 어떤 이공계 대학생이 아르바이트로 초등학교 수학 문제집의 문항을 검토할 때는 그 사람의 수학 실력이 자라지는 않는다. 그 대학생은 수당을 받기 위해서 노동하고 있을 뿐이다. 한편, 그 대학생이 수학 교재에 있는 한 연습문제를 사흘째 풀지 못하고 있다면 어떤 상태에서 무슨 일을 하고 있을까? 우선 문제의 내용을 완전히 암기하고, 문제와 관련이 있어 보이는 여러 정리의 내용을

검토했을 것이다. 심지어 어떤 정리는 증명도 확인했을 것이다. 또한 여러 가지 방법으로 풀이를 시도했지만 모두 실패했을 것이다. 그 과정에서 해당 정리들의 내용을 더 깊이 이해했을 것이고 그 정리들과 문제 사이의 관계, 정리들 사이의 관계 등을 더 자세히 살펴볼 수 있었을 것이다. 결국 교재에 실린 연습문제인 만큼 시행착오를 거듭하다 보면 언젠가는 풀릴 것인데, 시행착오를 많이 할수록 당사자의 지식과 기법은 더 많이 자란다.

책의 내용이 쉽게 이해되지 않거나 연습문제가 쉽게 풀리지 않을 때 (당사자의 답답한 심정과는 달리) 사실은 매우 효율적으로 공부를 하는 것이다. 앞에서도 알아보았듯이 책을 읽고 내용을 이해하는 과정도 실제로는 작은 규모의 연습문제를 계속해서 푸는 것에 해당한다. 독자는 이같은 과정을 통하여 관련 지식을 쌓고 해당 과목의 고유한 기법들을 익히게 된다.

교재에서는 어떤 수학 논의 또는 설명이 바람직할까? 세부 사항과 전체 줄거리를 다 보여주는 것이 이상적이지만, 실제로는 나무와 숲을 동시에 보기 힘든 것처럼 상황에 따라 세부사항과 전체 줄거리 가운데 어느 것을 더 강조해야 할지 선택할 수밖에 없다. 교재를 처음 읽는다면 해당 과목의 고유한 기법들이 아직은 익숙하지 않다. 이런 까닭에 교재의 앞부분은 세부사항을 더 강조하는 경향이 있다. 뒷부분으로 갈수록 보통 독자가 여러 세부사항에 익숙하다고 전제하고 전체 줄거리를 간략하게 보여주는 쪽을 택한다. 이에 따라 교재의 앞부분에 비해서 뒷부분의 설명이 더 **불친절하게** 보일 때가 많은데, 책을 두 번째 읽거나 나중에 책의 내용을 참고할 때는 (친절한 설명에 비해서) 불친절한 설명이 요점을 더 분명히 보여주기 때문에 가독성이 더 높다. 같은 까닭으로 이 책에서도 후반부에 실린 글들이 전반부에 비해서 다소 불친절하다. 수학 교재 가운데는 처음부터 매우 불친절한 것도 있는데, 대표적인 보기로서 W. Rudin의 『Principles of Mathematical Analysis』(McGraw Hill, 1976)가 있다. 대부분의 사람들은 이 책을 처음 읽을 때 큰 어려움을 겪는다. 그러나 두 번째로 읽을 때부터는 매우 정리가 잘된 좋은 책이라는 것을 알게 된다.

지은이 머리말

이렇듯이 대부분의 수학 전공 문헌을 읽을 때는 **정독**할 수밖에 없다. 실제로 거의 모든 사람이 수학 문헌을 연습장에 **필사**하면서 읽으며, 이해가 되지 않는 부분은 반복해서 필사한다. 오래전에 한 친구로부터 "수학 문헌을 필사하지 않고 눈으로만 읽어본 적이 있는데, 새로운 경험이었다."는 취지의 말을 들었는데, 이 친구 역시 수학 문헌은 연습장에 필사하며 읽는다는 것을 방증한다.

연습문제를 대하는 태도에 관련된 내용으로 이 글을 마친다. 연습문제를 풀고 나서 "맞게 푼 것 같은데, 누군가 이 풀이에서 틀린 부분이 없는지 확인해 주었으면 좋겠다."는 생각이 들 때가 있었을 것이다. 그때 어떻게 하는 것이 바람직할까? 연습문제의 **풀이**가 무엇을 뜻하는지 생각해 보면 답이 분명하다. 연습문제의 풀이는 '내가 그 문제를 맞게 풀었다.'를 다른 사람에게 납득시키는 **글**이다. 수학을 공부한 사람이면 누구나 그 글을 읽고 내가 그 문제를 바르게 풀었다고 인정해야 한다. 그런데 그 **글**이 **글의 작성자**조차 납득시키지 못한다면, 두말할 것도 없이 틀리게 푼 것이다. 그렇다면 어떤 풀이가 맞게 풀었다는 확신을 줄까? 모든 경우에 적용되는 일반적인 규칙은 없을 것이다. 그러나 주어진 조건을 모두 사용하였는가? 주어진 조건 가운데 불필요한 것은 없었는가? 조건을 만족시키지 않으면 결과가 성립하지 않는 반례가 있는가? 별해가 있는가? 논의가 간결한가? 등등을 확인하면 실수를 줄일 수 있다. 또한 상황에 따라 풀이에서 대칭성을 활용할 수 있으면 논의가 많이 간결해진다.

많은 사람이 연습문제를 풀고 나서 풀이를 노트에 남기는데, 그것은 몇 주, 몇 달 또는 몇 년 뒤에 중간·기말시험, 대학원 입학시험 등을 준비하는 미래의 자신을 위한 자료이다. 한편 미래의 자신은 그 문제를 풀었다는 것조차 잊고 있을 가능성이 있다. 이런 맥락에서 연습문제를 풀었을 때 더 좋은 풀이, 즉 다른 사람을 더 쉽게 납득시키는 풀이가 있는지 살펴볼 것을 권한다. 같은 맥락에서 연습문제를 풀고 나면 바로 노트에 적지 말고 여러 번 더 반복해서 풀이를 작성해 볼 것도 권한다. 그렇게 함으로써 문제의 풀이를 **장악**할 수 있다.

감사의 글

지난 2022년에 한빛아카데미(주)에서 번역 출간한 『STEIN 복소해석학』을 감수하는 과정에서 교재 내용을 자세히 살펴볼 수 있었다. 그때 번역서 내용을 보충하거나 부연 설명하는 책이 있으면 번역서와 원서의 독자 모두에게 도움이 될 것이라 생각했다. 집필을 시작할 때는 1년 이내에 작업을 마칠 수 있을 것으로 예상했으나, 내가 게을렀던 탓에 출판사에서 계획했던 기한을 많이 넘겼다. 그동안 참을성 있게 기다려 주신 한빛아카데미(주) 관계자 여러분께 고마운 마음을 전한다.

김영원

미리보기

『STEIN 복소해석학』 연계

각 절이 원문의 어떤 부분을 보충하거나 부연하는지 표시했다.

핵심 용어

본문에서 핵심이 되는 용어나 내용은 별도의 색으로 구분한다.

3-D 연속변형, 주어진 영역이 단순연결일 조건 풀어읽기

3장 4절

영역 Ω에 놓여 있는 두 곡선 γ_0와 γ_1이 Ω 안에서 연속변형동치(homotopic)라는 것은 두 곡선이 출발점 α와 도착점 β를 공유하며, 이에 더하여 출발점과 도착점을 유지한 채로 γ_0를 연속적으로 변형하여 γ_1으로 만들 수 있음을 뜻한다. 구체적인 정의를 소개하기에 앞서 자명한 사실을 하나 확인하자. $-\infty < a < b < \infty$이고 $\gamma : [a,b] \to \Omega$가 곡선일 때, $0 \le t \le 1$에 대해서 $\tilde{\gamma} = \gamma(a+(b-a)t)$로 매개화된 곡선 $\tilde{\gamma} : [0,1] \to \Omega$는 $\gamma : [a,b] \to \Omega$를 같은 방향으로 재매개화한 것이며, 또한 γ가 (조각마다) 매끄러우면 $\tilde{\gamma}$도 그러하고 그 역도 성립한다. 요컨대 모든 곡선은 방향과 매끄러운 정도를 유지한 채로 $0 \le t \le 1$에 대하여 매개화된 곡선으로 재매개화할 수 있다. 이런 까닭으로 연속변형동치를 정의하는 데 있어서 출발점과 도착점을 공유하는 두 곡선 γ_0와 γ_1이 모두 $0 \le t \le 1$에 대해서 매개화되었다고 가정한다.

정의 영역 Ω에 놓여 있는 두 곡선 $\gamma_0, \gamma_1 : [0,1] \to \Omega$가 Ω 안에서 **연속변형동치(homotopic)**라는 것은 우선 $\gamma_0(0) = \gamma_1(0) = \alpha$, $\gamma_0(1) = \gamma_1(1) = \beta$이고, 이에 더하여 다음 조건을 만족시키는 연속함수 $H : [0,1] \times [0,1] \to \Omega$가 존재함을 뜻한다.

(1) $\forall s \in [0,1]\ H(s,0) = \alpha$이고 $H(s,1) = \beta$

(2) $\forall t \in [0,1]\ H(0,t) = \gamma_0(t)$이고 $H(1,t) = \gamma_1(t)$

γ_0를 γ_1으로 변형시키는 함수 H를 γ_0와 γ_1 사이의 **연속변형(homotopy)** 또는 **연속변형함수** 등으로 부른다. 각 $s \in [0,1]$에 대하여 중간 단계의 곡선 $[0,1] \ni t \mapsto H(s,t) \in \Omega$를 $\gamma_s : [0,1] \to \Omega$로도 표기한다. 즉 $H(s,t) = \gamma_s(t)$이다.

2-AB 볼록 집합과 별모양 집합

집합 E가 **볼록하다(convex)**는 것은 E에 속한 임의의 두 점 a와 b에 대해서 선분 $[a,b]$가 E에 포함됨을 뜻한다. [글 2-AA] '정리 2.1의 간결한 증명'에서 원판 D가 볼록집합이라는 사실이 쓰였음을 확인하라. 더 일반적으로 E가 **별모양(star-shaped)**이라는 것은 E의 한 점 c가 존재해서 E에 속한 임의의 점 z에 대하여 선분 $[c,z]$가 E에 포함됨을 뜻한다. 이때, 점 c를 E의 **기준점**이라고 부른다. 모든 볼록집합은 별모양이다. 그러나 $\mathbb{C} \setminus (-\infty, 0]$은 별모양이지만 볼록하지 않다. 모든 양의 실수가 이 집합의 기준점이라는 것을 바로 안다.

별모양 열린 집합 Ω에서 정칙인 함수 f는 원시함수를 가진다. 이 사실을 확인하기 위해 c가 Ω의 기준점이라고 하면, 앞서 한 증명과 같은 방법으로 함수 $F : \Omega \to \mathbb{C}$를 정의할 수 있다. 이제 a가 Ω의 한 점이면, 양수 r이 존재하여 열린 원판 $D_r(a)$가 Ω에 포함되는데, $0 < |h| < r$이면 세 점 c, a, $a+h$를 꼭짓점으로 하는 삼각형 및 그 내부영역이 Ω에 완전히 포함됨을 바로 안다. 따라서 앞서 한 증명과 같은 방법으로 $F'(a) = f(a)$를 얻는다.

집합 $\mathbb{C} \setminus (-\infty, 0]$이 별모양 열린 집합이라는 사실은 다음과 같이 일반화된다. 즉, 열린 집합 Ω가 볼록하고 $a \in \Omega$일 때, L이 a를 끝점으로 하는 반직선이면 $\Omega \setminus L$이 별모양 열린 집합이다.

2-AC 연결집합과 경로연결집합

『STEIN 복소해석학』 1장 1.3절에서는 연결성 개념을 열린 집합과 닫힌 집합에 대해서만 도입하였다. 그러나 연결성 개념은 임의의 집합에 적용가능하다. 집합 E가 **연결되었다(connected)**는 것은 어떤 집합 A와 B도 다음에 나열한 네 가지 조건을 동시에 만족시킬 수 없음을 뜻한다.

$$E = A \cup B, \quad \overline{A} \cap B = A \cap \overline{B} = \varnothing, \quad A \neq \varnothing, \quad B \neq \varnothing$$

E가 열린 집합 또는 닫힌 집합인 경우에는 이 정의와 『STEIN 복소해석학』 1장 1.3절에 주어진 정의가 일치함을 확인하라.

강조 내용

핵심 용어는 아니지만 강조할만한 내용은 굵은 서체로 구분한다.

이 성립하기 때문에, 각각의 $\epsilon > 0$에 대하여 집합

$$\left\{ \frac{t^{-\epsilon}}{|\zeta(s)|} : 1 \le \sigma \le 3,\ t \ge 1 \right\}$$

이 위로 유계임을 보여도 된다. 한편 제타함수가 반평면 $\sigma \ge 1$에서 영점을 가지지 않고 또한 $s = 1$에서 극을 가지기 때문에 함수 $1/\zeta$는 반평면 $\sigma \ge 1$의 각 점에서 해석적이다. 따라서 모든 $t_1 > 1$에 대해서 집합

$$\left\{ |\zeta(s)|^{-1} : 1 \le \sigma \le 3,\ 1 \le t \le t_1 \right\}$$

이 위로 유계이다. 그러므로 각각의 $\epsilon > 0$에 대하여 상수 $t_\epsilon > 1$이 존재하여, 집합

$$\left\{ \frac{t^{-\epsilon}}{|\zeta(s)|} : 1 \le \sigma \le 3,\ t \ge t_\epsilon \right\}$$

이 위로 유계임을 보여도 된다.

지금부터 ϵ이 고정된 양수라고 가정한다. 『STEIN 복소해석학』 7장 명제 1.6은 다음 명제의 결과이다.

명제 A.1 집합

$$\left\{ \frac{t^{-4\epsilon}}{|\zeta(s)|} : 1 \le \sigma \le 3,\ t \ge t_\epsilon \right\}$$

이 위로 유계가 되도록 하는 상수 $t_\epsilon > 1$이 존재한다.

『STEIN 복소해석학』 6장 명제 2.7에 따라 $\{|\zeta(\sigma+it)|t^{-\epsilon} : \sigma, t \ge 1\}$과 $\{|\zeta'(\sigma+it)|t^{-\epsilon} : \sigma, t \ge 1\}$이 모두 위로 유계인데, 이 두 집합의 상한을 각각 c_0와 c_1으로 나타내자. 제타함수가 점 $s = 1$에서 유수 1인 단순극을 가지며 $0 < \sigma < \infty$에 대해서 $\zeta(\sigma) > 0$이기 때문에 집합 $\{(\sigma-1)\zeta(\sigma) : 1 < \sigma \le 3\}$도 위로 유계이다. 이 집합의 상한을 c_2로 나타내자. 자명하게 c_0, c_1, c_2는 모두 양의 실수이다.

명제 A.2 다음과 같은 양수 c'이 존재한다.

$$1 \le \sigma \le 3,\ t \ge 1 \quad \Longrightarrow \quad |\zeta(\sigma+it)| \ge c'(\sigma-1)^{3/4} t^{-\epsilon/4}$$

정리 B.3 F가 영역 Ω에 정의된 연속함수일 때, 각각의 $b \in \partial\Omega$에 대해서 극한 $\lim_{z \to b} F(z)$가 존재하면 F가 Ω의 폐포에서 연속인 함수로 확장된다. 확장된 함수를 $\tilde{F}$로 나타내면

$$\tilde{F}(\overline{\Omega}) \subset \overline{\left(\tilde{F}(\Omega)\right)}$$

가 성립한다.

증명

함수 $\tilde{F} : \overline{\Omega} \to \mathbb{C}$를 다음과 같이 정의하자.

$$\tilde{F}(z) = \begin{cases} F(z) & (z \in \Omega) \\ \lim_{w \to z} F(w) & (z \in \partial\Omega) \end{cases}$$

자명하게, $\tilde{F}$는 Ω의 각 점에서 연속이다. 그러므로 $\tilde{F}$가 $\partial\Omega$의 각 점에서 연속임을 보이는 것이 남았다. $a \in \partial\Omega$ 및 $\epsilon > 0$을 가정하면 양수 δ가 존재하여

$$z \in \Omega \cap D(a;\delta) \quad \Longrightarrow \quad \left| F(z) - \tilde{F}(a) \right| < \epsilon$$

이다. 이제 $z \in \overline{\Omega} \cap D(a;\delta)$를 가정하자. $z \in \Omega \cap D(a;\delta)$인 경우는

$$\left| \tilde{F}(z) - \tilde{F}(a) \right| = \left| F(z) - \tilde{F}(a) \right| < \epsilon$$

이다. 한편 $z \in (\partial\Omega) \cap D(a;\delta)$인 경우는 Ω의 점으로 이루어진 수열 $\langle z_n \rangle$이 존재하여 $z = \lim_{n\to\infty} z_n$이고 $\tilde{F}(z) = \lim_{n\to\infty} F(z_n)$이다. 자연수 N이 존재하여 모든 $n \ge N$에 대하여 $z_n \in D(a;\delta)$이고, 따라서 모든 $n \ge N$에 대하여 $z_n \in \Omega \cap D(a;\delta)$이며, 그러므로

$$\left| F(z_n) - \tilde{F}(a) \right| < \epsilon \quad (n \ge N)$$

이다. 따라서

$$\left| \tilde{F}(z) - \tilde{F}(a) \right| = \left| \lim_{n\to\infty} F(z_n) - \tilde{F}(a) \right| = \lim_{n\to\infty} \left| F(z_n) - \tilde{F}(a) \right| \le \epsilon$$

정의

본문에서 기억해야 할 주요 개념을 보여준다.

명제

본문을 전개하는 데 필요한 명제를 소개한다.

정리

본문에서 중요한 명제를 뽑아 정리로 소개한다.

보조정리·따름정리·도움정리

본문의 주요 내용이나 정리를 뒷받침하는 명제를 소개한다.

증명

명제·정리·보조정리·따름정리·도움정리가 성립하는 이유를 제시한다.

이 정리를 증명하기에 앞서 도움정리를 하나 도입한다.

도움정리 C.1 f가 전해석함수, l이 0보다 큰 자연수이고 $g(z) = z^l f(z)$이라 하자.

(1) $G_f = G_g$가 성립한다.

(2) $\rho > 0$일 가정하면, 집합 $\{\mathfrak{n}_f(r)r^{-\rho} : r \geq 1\}$이 유계라는 조건과 집합 $\{\mathfrak{n}_g(r)r^{-\rho} : r \geq 1\}$이 유계라는 조건이 서로 동치이다.

증명

(1) ρ, A, $B > 0$이고 모든 $z \in \mathbb{C}$에 대하여 부등식 $|f(z)| \leq Ae^{B|z|^\rho}$이 성립한다고 가정하자. $\rho > 0$이므로 $\lim_{r\to\infty} r^l e^{-r^\rho} = 0$이다. $M = \sup_{r>0} r^l e^{-r^\rho}$으로 두면, 모든 $z \in \mathbb{C}$에 대해서

$$|g(z)| \leq |z|^l Ae^{B|z|^\rho} = A|z|^l e^{-|z|^\rho} e^{(B+1)|z|^\rho} \leq AMe^{(B+1)|z|^\rho}$$

이다. 이로부터 $G_f \subset G_g$가 성립함을 안다. 역으로 ρ, A, $B > 0$이고 모든 $z \in \mathbb{C}$에 대하여 부등식 $|g(z)| \leq Ae^{B|z|^\rho}$이 성립할 때, $M = \max_{|z|\leq 1} |f(z)|$, $\tilde{A} = \max\{A, M\}$으로 두면 모든 $z \in \mathbb{C}$에 대하여 부등식 $|f(z)| \leq \tilde{A}e^{B|z|^\rho}$이 성립한다. 이로부터 $G_g \subset G_f$를 얻는다.

(2) $\mathfrak{n}_f(r) + l = \mathfrak{n}_g(r)$ 및 $\lim_{r\to\infty} lr^{-\rho} = 0$으로부터 바로 얻는다. ■

5장 정리 2.1의 증명

(1) 도움정리 C.1에 따라 $f(0) \neq 0$을 가정해도 일반성을 잃지 않는다. 이제 $\rho \in G_f$를 가정하면, 양수 A, B가 존재하여 모든 $z \in \mathbb{C}$에 대하여 $|f(z)| \leq Ae^{B|z|^\rho}$이다. $f(0) \neq 0$이므로 옌센 공식에 따라 모든 양수 R에 대하여 다음이 성립한다.

$$\int_0^R \mathfrak{n}(t)\frac{dt}{t} = \frac{1}{2\pi}\int_0^{2\pi} \ln\left|f\left(Re^{i\theta}\right)\right| d\theta - \ln|f(0)| \leq BR^\rho + \ln A - \ln|f(0)|$$

여기서 $D = \left|\ln A - \ln|f(0)|\right|$으로 두면, 마지막 표현이 $BR^\rho + D$를 넘지

명제 D.3의 증명 ②

이 증명은 로그의 주치 대신에 서로 다른 영역에 정의된 두 개의 로그함수를 이용한다. $\log_U$와 $\log_V$를 각각 다음과 같이 정의하자.

$$\log_U(re^{i\theta}) = \ln r + i\theta \quad (r > 0;\ -\pi/2 < \theta < 3\pi/2)$$

$$\log_V(re^{i\theta}) = \ln r + i\theta \quad (r > 0;\ -3\pi/2 < \theta < \pi/2)$$

그러므로 $\log_U$와 $\log_V$는 각각 $U = \mathbb{C} \setminus \{it : t \leq 0\}$과 $V = \mathbb{C} \setminus \{it : t \geq 0\}$에서 해석적인 로그함수인데, $\operatorname{Re} w > 0$에 대해서는 $\log_U w = \log_V w = \operatorname{Log} w$이고 $\operatorname{Re} w < 0$에 대해서는 $\log_U w = 2\pi + \log_V w$이다. $\Omega_U = \{z \in H : 1 + z^2 \in U\}$, $\Omega_V = \{z \in H : 1 + z^2 \in V\}$로 두면 $\Omega_U = H \setminus \{t + i\sqrt{1+t^2} : t \leq 0\}$, $\Omega_V = H \setminus \{t + i\sqrt{1+t^2} : t \geq 0\}$을 쉽게 확인할 수 있다. 이제 $1/2 < s < 1$을 가정하고 $z \in \Omega_U$에 대해서 $f_U(z) = e^{-s\log_U(1+z^2)}$, $z \in \Omega_V$에 대해서 $f_V(z) = e^{-s\log_V(1+z^2)}$로 두면, f_U와 f_V는 각각 Ω_U와 Ω_V에서 해석적이고 $\{z \in H : (\operatorname{Im} z)^2 < 1 + (\operatorname{Re} z)^2\}$에서 f_U와 f_V 값이 일치하며 $\{z \in H : (\operatorname{Im} z)^2 > 1 + (\operatorname{Re} z)^2\}$에서는 $f_U = e^{-2\pi s i} f_V$이다. 특별히 $x \in \mathbb{R}$에 대해서는 $f_U(x) = f_V(x) = (1+x^2)^{-s}$이고, $y > 1$에 대해서는 $f_U(iy) = e^{-i\pi s}(y^2-1)^{-s}$, $f_V(iy) = e^{i\pi s}(y^2 - 1)^{-s}$이다.

두 영역 Ω_U, Ω_V에 각각 포함되는 적분경로를 기술하기 위해서 $0 < \epsilon < 1$, $1 + \epsilon < R$을 가정한 다음, 곡선 A, B, C_U, C_V를 다음과 같이 정의하자.

- A : $z = Re^{i\theta}$, $0 \leq \theta \leq \pi/2$
- B : $z = Re^{i\theta}$, $\pi/2 \leq \theta \leq \pi$
- C_U : $z = i + \epsilon e^{-i\theta}$, $-\pi/2 \leq \theta \leq \pi/2$
- C_V : $z = i + \epsilon e^{-i\theta}$, $\pi/2 \leq \theta \leq 3\pi/2$

다섯 개의 곡선 $[0, R]$, A, $[iR, i(1+\epsilon)]$, C_U, $[i(1-\epsilon), 0]$을 차례로 이으면 영역 Ω_U에 놓인 폐곡선이 되므로 이 곡선들을 따른 f_U의 선적분 값을 모두 합하면 0이다. 같은 까닭으로 $[-R, 0]$, $[0, i(1-\epsilon)]$, C_V, $[i(1+\epsilon), iR]$, B를 따른 f_V의 선적분 값을 모두 합한 것도 0이다.

『STEIN 복소해석학』 5장 따름정리 5.4
집합 E는 위로 유계가 아니다.

증명

모든 n에 대하여 구간 I_n의 길이가 $2|a_n|^{-k-1}$이며, 또한 $I_n \subset (0, \infty)$이다(우리는 $|a_n| > 1$을 가정하고 있다). 우선 $\sum |a_n|^{-k-1} < \infty$이므로 자연수 N이 존재하여

$$\sum_{n=N+1}^{\infty} |a_n|^{-k-1} < \frac{1}{2}$$

이다. 또한 자연수 M이 존재하여

$$\bigcup_{n=1}^{N} I_n \subset (0, M]$$

이다. 각각의 자연수 $m > M$에 대하여

$$[m, m+1] \cap E \neq \varnothing$$

을 보이면 증명이 끝난다. 모순을 얻기 위해서 $m > M$ 및 $[m, m+1] \cap E = \varnothing$을 가정하면

$$[m, m+1] \subset (M, \infty) \cap \left(\bigcup_{n=1}^{\infty} I_n\right)$$

이다. 그러므로

$$[m, m+1] \subset \bigcup_{n=N+1}^{\infty} I_n$$

이다. 따라서 구간 I_{N+1}, I_{N+2}, $\cdots$의 길이의 합이 1보다 작지 않은데, 이것은

$$\sum_{n=N+1}^{\infty} |a_n|^{-k-1} < \frac{1}{2}$$

에 모순이다. ■

$$H(0, t) = \phi\left(e^{2\pi i t}\right) = H_0(0, t) = \gamma(t) \quad (0 \leq t \leq 1),$$

$$H(1, t) = \phi(1) = \alpha \quad (0 \leq t \leq 1)$$

이 성립하여 H가 명제 (나)의 조건 (1), (2)를 만족시킨다. ■

보기 『STEIN 복소해석학』 8장 연습문제 19는 $A_1 < A_2 < \cdots < A_N$일 때 영역

$$\Omega = \mathbb{C} \setminus \bigcup_{k=1}^{N} \{A_k + iy : y \leq 0\}$$

이 단순연결 영역임을 보이라는 것이다.

우선 Ω가 열린 집합이라는 것은 자명하다. 또한 Ω의 모든 점은 허축에 평행한 선분으로 상반평면에 있는 Ω의 점과 이어지고, Ω의 두 점이 상반평면에 놓여 있으면 그 두 점을 잇는 선분도 Ω에 놓여 있기 때문에 Ω는 경로연결된 집합이다. 따라서 Ω는 영역이다. 이제 $\gamma : [0, 1] \to \Omega$가 폐곡선이라고 하자. 부등식 $M > \max_{0\leq t\leq 1} |\gamma(t)|$를 만족시키는 상수 M을 하나 선택한 다음, $H : [0, 1] \times [0, 1] \to \Omega$를

$$H(s, t) = \begin{cases} \gamma(t) + 2iMs & (0 \leq s \leq 1/2) \\ \gamma(t) + iM + (2s-1)(i - \gamma(t) - iM) & (1/2 \leq s \leq 1) \end{cases}$$

로 정의하면 H가 명제 (다)의 조건을 만족시킴을 쉽게 확인할 수 있다.

표기법에 관련된 사항

이 글에서 끝으로 언급할 내용은 f가 단순연결 영역 Ω에서 해석적이고 $a, b \in \Omega$일 때 $\int_a^b f(z)dz$라는 표현을 사용할 수 있다는 것이다. 그 까닭은 Ω가 영역이고 a, $b \in \Omega$이면 $\gamma(0) = a$, $\gamma(1) = b$를 만족시키는 조각마다 매끄러운 곡선 $\gamma : [0, 1] \to \Omega$가 존재하는데, 이에 더하여 Ω가 단순연결 영역이면 3장 정리 5.1에 의하여 적분 $\int_\gamma f(z)dz$ 값이 ($\gamma(0) = a$, $\gamma(1) = b$가 성립하는 한) γ의 선택에 무관하기 때문이다. 이를테면 Ω가 단순연결 영역이고 f가 Ω에서 해석적일 때, Ω의 한 점 a를 선택하고 함수 $F : \Omega \to \mathbb{C}$를

『STEIN 복소해석학』 인용

설명에 필요한 원문을 일부 인용하였다.

보기

본문에서 다룬 개념을 적용한 예를 제시한다.

참고문헌

- 김성기, 김도한, 계승혁 (2011).『해석개론(2차 개정판)』. 서울대학교출판문화원.
- Elias M. Stein & Rami Shakarchi (2022).『STEIN 복소해석학』(한빛수학교재연구소 번역). 한빛아카데미.(원서는 2003년에 출판).
- Terence Tao (2023).『TAO 해석학 I (4판)』(한빛수학교재연구소 번역). 한빛아카데미.(원서는 2022년에 출판).
- Walter Rudin (1976). Principles of Mathematical Analysis(3rd ed.). McGraw Hill.
- Walter Rudin (1987). Real and Complex Analysis(3rd ed.). McGraw Hill.

목차

1장 복소해석학의 기초

2장 코시 정리와 그 응용

목차

3장 유리형함수와 로그함수

4장 푸리에 변환

5장 전해석함수

6장 감마함수와 제타함수

7장 제타함수와 소수정리

8장 등각사상

목차

1

복소해석학의 기초

Preliminaries to Complex Analysis

1장은 말 그대로 이후의 논리 전개에 필요한 예비지식으로 구성되었으며, 독자가 다변수 함수의 미분가능성, 실변수 복소숫값 함수의 미적분 등에 익숙하다고 가정한다. 복소변수 복소숫값 함수의 **복소미분가능성**과 그 함수를 *2*차원 **좌표평면의 사상으로 보았을 때의 미분가능성** 사이의 관계를 자세히 살펴보고, 관련된 내용을 보충 설명한다. 그리고 실변수 복소숫값 함수의 미적분에 관한 기본적인 내용을 알아본다. 끝으로, 평면의 열린 집합에 대하여 **연결성**과 **경로연결성**이 같은 개념임을 설명한다.

1-A 복소미분가능성과 실 이변수 미분가능성 사이의 관계

1장 2.2절

이 글의 목적은 『STEIN 복소해석학』 1장 2.2절 '정칙함수'의 내용을 보충 설명하는 것이다. 이 절에서는 복소미분가능성, 정칙성, 코시-리만 방정식(Cauchy-Riemann equation) 등을 다루고 있는데, 이와 관련된 개념들 사이의 관계를 정확히 파악하면 해석적 함수의 여러 성질을 이해하는 데 도움이 된다. 한편 『STEIN 복소해석학』에서는 여타의 책과 달리 **복소미분가능성**(complex differentiability)과 **정칙성**(regularity 또는 holomorphy)의 개념이 명확히 구별되어 있지 않다. 이러한 배경에서

(1) 복소미분가능성, 실변수 사상으로서의 미분가능성, 정칙성 등의 개념을 명확히 정의하고

(2) 그들 사이의 관계를 자세히 살펴보며

(3) 『STEIN 복소해석학』에서 생략한 연쇄법칙의 엄밀한 증명을 소개한다.

단, 이 글에서는 복소미분가능성과 정칙성 개념을 엄격하게 구별한다.

1-AA 복소미분가능성과 정칙성

복소평면의 열린 집합 Ω에 정의된 복소숫값 함수 f가 $z_0 \in \Omega$에서 **복소미분가능(complex differentiable)**하다는 것은 극한

$$\lim_{h \to 0} \frac{f(z_0 + h) - f(z_0)}{h}$$

가 존재함을 뜻한다. 이때 극한값을 $f'(z_0)$ 또는 $\frac{d}{dz}f(z_0)$로 표기하며 이를 z_0에서 f의 **미분계수**라고 한다. 이 정의는 실변수 실숫값 함수와 형식적으로 동일하다. 또한 복소수체와 실수체의 사칙연산이 동일한 법칙을 만족시키므로 『STEIN 복소해석학』 1장 2절의 예제 1, 예제 2와 명제 2.2가 실변수 실숫값 함수의 경우와 같은 방법으로 증명된다. 특별히, 모든 유리함수는 정의역의 모든 점에서 미분가능하다.

『STEIN 복소해석학』 1장 2절의 예제 2, 예제 3을 보면 함수 $f(z) = 1/z$는 원점을 제외한 모든 점에서 미분가능하고, 함수 $g(z) = \overline{z}$는 어떤 점에서도 미분가능하지 않다. 이제 함수 $h(z) = |z|^2 = z\overline{z}$를 살펴보자. 아주 간단한 계산으로 $h'(0) = 0$을 얻는다. 만일 이 함수가 $z_0 \neq 0$에서 미분가능하다면, 『STEIN 복소해석학』 1장 2절의 명제 2.2의 (2)에 따라 $g = fh$도 z_0에서 미분가능할 것이다. 그러나 이는 모순이므로, h는 원점에서만 미분가능하고 원점을 제외한 모든 점에서 미분가능하지 않다. 또 다른 보기로서 $f(z) = \mathrm{Re}(z)\,\mathrm{Im}(z)$로 두면 $f'(0) = 0$을 쉽게 확인할 수 있는데, 나중에 코시–리만 방정식을 공부하면 이 함수도 원점에서만 미분가능하고 나머지 점에서는 미분가능하지 않음을 알게 된다. [글 1–AD]를 참고하라.

『STEIN 복소해석학』에서는 열린 집합 Ω에 정의된 함수 f가 점 $z_0 \in \Omega$에서 복소미분가능할 때, 즉 극한

$$\lim_{h \to 0} \frac{f(z_0 + h) - f(z_0)}{h}$$

가 존재할 때 f가 z_0에서 **정칙**(holomorphic)이라고 하였다. 또한 Ω의 각 점에서 정칙이면 f가 Ω에서 정칙이라고 하였으며, C가 복소평면의 닫힌 집합일 때 f가 C를 포함하는 열린 집합에서 정칙이면 f가 C에서 정칙이라고 복소함수의 **정칙성**을 정의하였다. 이 정의에 따르면 위에서 살펴본 함수 $h(z) = |z|^2 = z\overline{z}$는 원점 $z = 0$

에서 정칙인 반면, 원점 하나만으로 이루어진 닫힌 집합 $\{0\}$에서는 정칙이 아니다. 즉 함수 h가 점 0에서는 정칙이고 집합 $\{0\}$에서는 정칙이 아니라는, 다소 혼란스러운 결론에 이른다. 이러한 혼란을 피하는 방법 가운데 하나가 복소미분가능성과 정칙성을 구별하는 것이다. 이 책에서는 정칙성을 다음과 같이 정의한다.

정의 함수 f가 집합 $E \subset \mathbb{C}$를 포함하는 어떤 열린 집합의 모든 점에서 복소미분가능할 때, f가 E에서 **정칙(holomorphic)**이라고 말한다. 관례에 따라 집합 $\{z_0\}$에서 정칙이라고 말하는 대신에 점 z_0에서 정칙이라고 말한다.

이 정의에 따르면 함수 $h(z) = |z|^2$은 원점에서 복소미분가능한 반면, 정칙은 아니다. 또한, 어떤 함수가 한 점에서 정칙이면 그 점을 중심으로 하는 적당한 열린 원판의 모든 점에서 정칙이다. 따라서 한 점에서만 정칙인 함수는 없다.

어떤 책에서는 정칙성을 조금 다른 방법으로 정의한다. 이를테면 W. Rudin의 『Real and Complex Analysis』(McGraw Hill, 1987)에서는 열린 집합에서만 정칙성을 정의하고, 열린 집합이 아닌 $E \subset \mathbb{C}$에 대해서는 '함수 f가 E에서 정칙'이라고 말하는 대신에 '함수 f가 E를 포함하는 어떤 열린 집합 Ω에서 정칙'이라고 말한다. 결국은 같은 말인데, 『STEIN 복소해석학』의 정의에 따르면 한 점에서만 정칙인 함수는 (생각할 수는 있지만) 없고, Rudin의 정의에 따르면 한 점에서만 정칙인 함수는 (정의 자체를 하지 않았기 때문에) 생각할 수도 없다는 차이가 있다.

1-AB 연쇄법칙의 증명

명제 2.2의 연쇄법칙도 실변수 실숫값 함수의 경우와 동일한 방법으로 증명된다. 복소평면의 열린 집합 Ω에 정의된 함수 f가 점 $z_0 \in \Omega$에서 복소미분가능하다고 가정하자. 이것은

$$\frac{f(z_0+h)-f(z_0)}{h} - f'(z_0) = \psi(h)$$

로 두었을 때 $h \to 0$에 따른 $\psi(h)$의 극한이 0이라는 말과 동치이다. 여기서 h의 함수인 ψ는 집합 $\{h \in \mathbb{C} : h \neq 0,\ z_0 + h \in \Omega\}$에 정의되어 있다. 겉보기에

$\psi(0)$이 정의되지 않지만, $\psi(0) = 0$으로 **정의**해 주면 h의 함수 ψ는 원점 $h = 0$을 포함하는 열린 집합 $\{h \in \mathbb{C} : z_0 + h \in \Omega\}$의 모든 점에서 정의되며 원점 $h = 0$에서 연속이다. 또한 등식

$$f(z_0 + h) - f(z_0) = h\,(f'(z_0) + \psi(h))$$

가 성립한다. 이 등식으로부터 f가 점 z_0에서 연속임, 즉 극한 공식 $\lim_{h \to 0} f(z_0 + h) = f(z_0)$가 성립함을 바로 안다. 이제 점 $w_0 = f(z_0)$의 근방, 즉 w_0를 포함하는 열린 집합에 정의된 함수 g가 w_0에서 복소미분가능하다고 가정하면, 원점의 근방에 정의되고 원점에서 연속이며 원점에서의 값이 0인 k의 함수 ϕ가 존재하여 등식

$$g(w_0 + k) - g(w_0) = k\,(g'(w_0) + \phi(k))$$

가 성립한다. 원점에 충분히 가까이 있는 모든 h에 대하여

$$g(f(z_0 + h)) - g(f(z_0))$$

가 잘 정의되며, $f(z_0 + h) - f(z_0) = k$로 두면 이를 다음과 같이 나타낼 수 있다.

$$\begin{aligned} g(f(z_0 + h)) - g(f(z_0)) &= g(w_0 + k) - g(w_0) \\ &= k\,(g'(w_0) + \phi(k)) \\ &= (f(z_0 + h) - f(z_0))\,(g'(w_0) + \phi(k)) \\ &= h\,(f'(z_0) + \psi(h))\,(g'(w_0) + \phi(k)) \end{aligned}$$

원점에 충분히 가까이 있는 모든 h에 대하여 이 계산이 정당한데, 이에 더하여 $h \neq 0$이면 첫 번째 표현과 마지막 표현을 h로 나누어 다음을 얻는다.

$$\frac{g(f(z_0 + h)) - g(f(z_0))}{h} = (f'(z_0) + \psi(h))\,(g'(w_0) + \phi(k))$$

끝으로 ψ와 ϕ가 원점에서 연속이고 $\psi(0) = \phi(0) = 0$이며, $f(z_0) = w_0$라는 사실로부터 연쇄법칙 즉 $g \circ f$가 z_0에서 복소미분가능하고 $(g \circ f)'(z_0) = g'(f(z_0))f'(z_0)$가 성립함을 바로 얻는다.

고등학교 과정에서는 연쇄법칙을 다음과 같이 증명한다고 배웠을 것이다.

$$\begin{aligned}
&\lim_{h\to 0}\frac{g(f(z_0+h))-g(f(z_0))}{h}\\
&=\lim_{h\to 0}\frac{g(f(z_0+h))-g(f(z_0))}{f(z_0+h)-f(z_0)}\cdot\frac{f(z_0+h)-f(z_0)}{h}\\
&=\lim_{h\to 0}\frac{g(f(z_0+h))-g(f(z_0))}{f(z_0+h)-f(z_0)}\lim_{h\to 0}\frac{f(z_0+h)-f(z_0)}{h}\\
&=\lim_{k\to 0}\frac{g(f(z_0)+k)-g(f(z_0))}{k}\lim_{h\to 0}\frac{f(z_0+h)-f(z_0)}{h}\\
&=g'(f(z_0))f'(z_0)
\end{aligned}$$

세 번째 등식은 $f(z_0+h)-f(z_0)=k$로 두었을 때, f가 z_0에서 연속이기 때문에 $\lim_{h\to 0}k=0$이 성립한다는 사실로부터 나온다.

이 증명의 장점은 연쇄법칙이 성립하는 까닭을 직관적으로 분명히 보여준다는 것이다. 한편 단점은 이를 **엄밀한** 증명으로 볼 수 없다는 것인데, 그 까닭은 $f(z_0+h)-f(z_0)\neq 0$을 가정해야만 첫 번째 등식이 성립하기 때문이다. 이 계산은 $h\to 0$에 따른 극한에 관한 것이기 때문에 $f(z_0+h)-f(z_0)$가 정의되는 모든 h에 대해서 조건 $f(z_0+h)-f(z_0)\neq 0$을 가정할 필요까지는 없으며, 원점에 충분히 가까이 있는 모든 $h\neq 0$에 대하여 이 조건이 성립해도 문제가 없다. 그러므로 문제가 되는 상황은 원점으로 수렴하는 수열 $\langle h_n\rangle$이 존재하여, 모든 n에 대하여 $h_n\neq 0$ 및 $f(z_0+h_n)-f(z_0)=0$이 성립하는 경우이다. 보기로서 $f(z)=\mathrm{Re}(z)\,\mathrm{Im}(z)$, $z_0=0$을 들 수 있겠다. 사실 이때도 $h\neq 0$에 대해서 $f(z_0+h)-f(z_0)\neq 0$인 경우와 $f(z_0+h)-f(z_0)=0$인 경우로 나누어서 논증하면 되는데, 절차가 번거롭다. 여러 가지 이유로 번잡한 논의는 가능한 한 피하는 것이 바람직하다.

추가로 언급할 사항은 f가 z_0에서 정칙인 경우, 즉 z_0의 근방에 속한 모든 점에서 복소미분가능한 경우는 이 계산이 정당하다는 것이다. 이것은 다음 장에서 배울 '항등정리'의 결과이다. [글 2–F]를 참조하라. 방금 살펴본 함수 $f(z)=\mathrm{Re}(z)\,\mathrm{Im}(z)$는 원점에서 복소미분가능하지만 정칙이 아님을 상기하자.

1-AC 복소미분가능성과 실변수 사상으로서의 미분가능성, 그리고 코시-리만 방정식

복소수 집합 $\mathbb{C}$와 2차원 좌표평면 $\mathbb{R}^2$ 사이에는 자연스러운 일대일 대응이 있다. 복소평면의 한 열린 집합 Ω에 정의된 복소숫값 함수 f를 생각하자. 이 함수를 두 가지 관점에서 볼 수 있다. 하나는 $z \in \Omega$라는 복소수에 $f(z)$라는 복소수를 대응시키는 것이고, 다른 하나는 좌표평면의 점 $(\mathrm{Re}\, z, \mathrm{Im}\, z)$에 새로운 점 $(\mathrm{Re}\, f(z), \mathrm{Im}\, f(z))$를 대응시키는 것이다. 전자는 **수**에 **수**를 대응시키고 후자는 **점**에 **점**을 대응시킨다. 즉 전자는 함수로 보고, 후자는 사상으로 본다.

지금부터 z, w 등은 복소수를, x, y, a, b 등은 실수를 나타낸다. 또한, 두 집합 $\mathbb{C}$와 $\mathbb{R}^2$를 같은 것으로 본다. 따라서 열린 집합 Ω의 원소를 $x + iy$로 나타낼 수도 있고 (x, y)로 나타낼 수도 있다. $x + iy \in \Omega$에 대해서 $\mathrm{Re}(f(x + iy)) = u(x, y)$, $\mathrm{Im}(f(x + iy)) = v(x, y)$, $F(x, y) = (u(x, y), v(x, y))$로 두자. 그러므로 F는 복소변수 복소숫값 함수 f에 해당하는 실변수 사상을 나타낸 것이며, $f(x+iy) = u(x, y) + iv(x, y)$이다. 두 함수 u와 v의 편도함수 $\partial u/\partial x$, $\partial u/\partial y$, $\partial v/\partial x$, $\partial v/\partial y$를 각각 u_x, u_y, v_x, v_y로 나타내면 표기가 단순해진다.

사상 $J : \mathbb{R}^2 \to \mathbb{R}^2$가 선형사상이라는 것은 다음이 성립토록 하는 실수 a, b, c, d가 존재함을 뜻한다.

$$J(x, y) = (ax + by, cx + dy) \quad (x, y \in \mathbb{R})$$

이때, 선형사상 J가 행렬 $\left(\begin{smallmatrix} a & b \\ c & d \end{smallmatrix}\right)$에 의해서 표현되었다고 한다. 선형사상 가운데 복소수의 곱에 해당하는 것이 있다. $z = a + ib \in \mathbb{C}$일 때

$$\begin{aligned} J_z(x, y) &= (\mathrm{Re}\,(z\,(x + iy))\,, \mathrm{Im}\,(z\,(x + iy))) \\ &= (ax - by, bx + ay) \end{aligned}$$

로 주어지는 선형사상이 그것인데, 이 선형사상을 표현하는 행렬은 $\left(\begin{smallmatrix} a & -b \\ b & a \end{smallmatrix}\right) = \begin{pmatrix} \mathrm{Re}(z) & -\mathrm{Im}(z) \\ \mathrm{Im}(z) & \mathrm{Re}(z) \end{pmatrix}$이다. 이 행렬을 M_z로 나타내면 $M_{z+w} = M_z + M_w$, $M_{zw} = M_z M_w$, $\det(M_z) = |z|^2$ 등이 성립함을 바로 안다.

복소수 $a+ib \neq 0$의 절댓값과 편각을 각각 r과 θ라고 하면 $a = r\cos\theta$, $b = r\sin\theta$가 되어 $a+ib$를 곱하는 것에 해당하는 선형사상은 행렬

$$\begin{pmatrix} r\cos\theta & -r\sin\theta \\ r\sin\theta & r\cos\theta \end{pmatrix} = \begin{pmatrix} r & 0 \\ 0 & r \end{pmatrix} \begin{pmatrix} \cos\theta & -\sin\theta \\ \sin\theta & \cos\theta \end{pmatrix}$$

에 의해서 표현된다. 그러므로 0이 아닌 복소수의 곱에 해당하는 선형사상은 확대변환과 회전변환의 합성이다.

함수 f가 $z_0 \in \Omega$에서 복소미분가능하다는 것은 다음과 동치이다.

$$\lim_{z\to 0} \frac{f(z_0+z) - f(z_0) - f'(z_0)z}{z} = 0$$

이것을 다음과 같이 나타내도 된다.

$$\lim_{z\to 0} \frac{|f(z_0+z) - f(z_0) - f'(z_0)z|}{|z|} = 0$$

이 조건은 'z의 함수 $f(z_0+z)-f(z_0)$와 $f'(z_0)z$가 원점 $z=0$에서 접함', 즉 'z가 원점에 충분히 가까이 있으면 두 함수 $f(z_0+z)-f(z_0)$와 $f'(z_0)z$의 행동이 거의 같음'을 뜻한다. 한편 실변수 사상 F가 점 $(x_0, y_0) \in \Omega$에서 미분가능하다는 **정의**는 다음이 성립토록 하는 선형사상 $J : \mathbb{R}^2 \to \mathbb{R}^2$가 존재함을 뜻한다.

$$\lim_{(x,y)\to(0,0)} \frac{|F(x_0+x, y_0+y) - F(x_0,y_0) - J(x,y)|}{\sqrt{x^2+y^2}} = 0$$

이 조건도 원점 $(x,y)=(0,0)$에서 사상 $F(x_0+x, y_0+y) - F(x_0,y_0)$가 선형사상 $J(x,y)$에 접한다는 것을 뜻한다. 이때 '(x_0,y_0)에서 네 개의 편미분계수 u_x, u_y, v_x, v_y가 모두 존재하며, 선형사상 J를 표현하는 행렬이 다름 아닌 (x_0,y_0)에서 구한 F의 야코비 행렬 $J_F = \left(\begin{smallmatrix} u_x & u_y \\ v_x & v_y \end{smallmatrix}\right)$'라는 사실이 잘 알려져 있으며 또한 이를 쉽게 확인할 수 있다.

함수 $\tilde{f}(z) = f(z_0+z) - f(z_0)$는 원점 $z=0$의 근방에 정의되었는데, $\tilde{f}(0)=0$이고, $\tilde{f}$가 원점에서 미분가능할 필요충분조건이 f가 z_0에서 미분가능한 것이며 이때 $\tilde{f}'(0) = f'(z_0)$이다. 필요하다면 f를 $\tilde{f}$로 대체하여 $z_0 = 0$ 및 $f(0)=0$을 가정해도 된다. 지금부터 $0 \in \Omega$ 및 $f(0)=0$, 또는 같은 말로 $(0,0) \in \Omega$, $F(0,0)=(0,0)$을 가정하고 원점에서 복소변수 함수 f의 복소미분가능성과 실변수

사상 F의 미분가능성 사이의 관계를 알아본다.

함수 f가 원점에서 복소미분가능하고 $f'(0) = a+ib$라고 하자. 선형사상 $J : \mathbb{R}^2 \to \mathbb{R}^2$가 복소수 $f'(0)$의 곱에 해당하면, 또는 같은 말로 J가 행렬 $\begin{pmatrix} a & -b \\ b & a \end{pmatrix}$에 의해서 표현되었다고 하면 $f(0) = 0$을 가정했기 때문에 다음을 얻는다.

$$\begin{aligned} 0 &= \lim_{z \to 0} \frac{|f(z) - f'(0)z|}{|z|} \\ &= \lim_{(x,y)\to(0,0)} \frac{|u(x,y) + iv(x,y) - (a+ib)(x+iy)|}{\sqrt{x^2+y^2}} \\ &= \lim_{(x,y)\to(0,0)} \frac{|F(x,y) - J(x,y)|}{\sqrt{x^2+y^2}} \end{aligned}$$

따라서 실변수 사상 F가 원점에서 미분가능하며, 원점에서 구한 F의 야코비 행렬은 다름 아닌 복소수 $f'(0) = a+ib$의 곱에 해당하는 선형사상을 표현하는 행렬이다.

$$\begin{pmatrix} u_x & u_y \\ v_x & v_y \end{pmatrix} = \begin{pmatrix} a & -b \\ b & a \end{pmatrix}$$

이로부터 얻은 관계식

$$u_x = v_y, \quad u_y = -v_x$$

를 **코시–리만 방정식**이라고 한다. 실변수 사상 $F = (u, v)$의 성분함수 u와 v가 코시–리만 방정식을 만족시킨다는 것은 F의 야코비 행렬에 의해서 표현되는 선형사상이 어떤 복소수의 곱에 해당함을 뜻하며, 그 복소수는 (모두 같은 값을 나타내는) $u_x + iv_x$, $v_y - iu_y$, $u_x - iu_y$, $v_y + iv_x$의 네 가지 형태로 주어진다.

역으로, f의 실수부와 허수부가 원점에서 코시–리만 방정식을 만족시키고 실변수 사상 F가 원점에서 미분가능하면 위와 같은 계산을 통하여 f가 원점에서 복소미분가능하며 f의 미분계수가 다음과 같이 주어짐을 바로 확인할 수 있다.

$$\begin{aligned} f'(0) =& u_x(0,0) + iv_x(0,0) = v_y(0,0) - iu_y(0,0) \\ =& u_x(0,0) - iu_y(0,0) = v_y(0,0) + iv_x(0,0) \end{aligned}$$

요컨대 주어진 점에서 함수 f가 복소미분가능할 필요충분조건은 우선

(1) f를 실변수 사상으로 보았을 때 그 점에서 미분가능하고, 이에 더하여

(2) 그 점에서 f의 실수부 u, 허수부 v가 코시–리만 방정식을 만족시키는 것이다.

이때 미분계수는 $u_x + iv_x = v_y - iu_y = u_x - iu_y = v_y + iv_x$로 주어진다.

1-AD [글 1–AC]에서 얻은 결과의 응용 사례

좌표공간의 열린 집합 Ω에 정의된 실변수 사상의 모든 성분함수의 1차 편도함수가 존재하고 연속(일급)이면 그 사상이 Ω의 모든 점에서 미분가능하다는 것이 잘 알려져 있다.[1] 이는 주어진 사상이 미분가능할 충분조건인데 많은 경우에 쉽게 확인할 수 있다. 또한, 코시–리만 방정식의 성립 여부도 많은 경우에 쉽게 확인된다.

함수 $f(z) = \text{Re}(z)\,\text{Im}(z)$를 살펴보자. 이때 $u(x,y) = xy$, $v(x,y) = 0$이다. 자명하게 사상 $F(x,y) = (u(x,y), v(x,y))$는 평면 전체에서 미분가능하다. 한편 $u_x(x,y) = y$, $u_y(x,y) = x$, $v_x(x,y) = v_y(x,y) = 0$이므로 $(x,y) = (0,0)$일 때에만 코시–리만 방정식이 성립한다. 그러므로 함수 f는 원점에서만 복소미분가능하다. 같은 방법으로 함수 $|z|^2$도 원점에서만 복소미분가능하며, 함수 $\bar{z}$는 모든 점에서 복소미분가능하지 않음을 안다. 물론 이 두 함수 역시 실변수 사상으로 보았을 때는 평면 전체에서 미분가능하다.

또 다른 보기로서 $\Omega = \{z \in \mathbb{C} : \text{Re}(z) > 0\}$에 정의된 $u(x,y) = \ln\sqrt{x^2+y^2}$과 $v(x,y) = \arctan(y/x)$를 살펴보자. 직접 계산을 통하여

$$u_x = \frac{x}{x^2+y^2}, \quad u_y = \frac{y}{x^2+y^2}, \quad v_x = \frac{-y}{x^2+y^2}, \quad v_y = \frac{x}{x^2+y^2}$$

를 얻는다. 그러므로 $f(x+iy) = u(x,y) + iv(x,y)$는 Ω에서 정칙이며

$$f'(x+iy) = \frac{x-iy}{x^2+y^2} = \frac{1}{x+iy}$$

이다.

1 [글 1–B]에서 이 사실의 증명을 소개한다.

1-B 실변수 사상이 미분가능할 충분조건

1장 2.2절

『STEIN 복소해석학』 1장 정리 2.4는 다변수 함수의 미분가능성과 관련되어 있다. 모든 미적분학 교과서에서 다변수 함수의 편미분이라는 개념을 찾아볼 수 있는데, 어떤 미적분학 교과서는 다변수 함수의 미분가능성을 다루지 않는다. 한편 해석개론 교과서 가운데 다변수 함수를 다루지 않는 것이 있다. 이 글에서는 다변수 함수 및 사상의 미분가능성을 알아보고, 일급이라는 조건이 미분가능성의 충분조건이라는 사실을 증명한다.

좌표평면의 열린 집합 Ω에 정의된 실숫값 함수 $u(x,y)$가 점 $(a,b)\in\Omega$에서 미분가능하다는 것은 $u(x,y)$가 그 점에서 편미분가능하고 다음이 성립함을 뜻한다.

$$\lim_{(h,k)\to(0,0)} \frac{u(a+h,b+k)-u(a,b)-(hu_x(a,b)+ku_y(a,b))}{\sqrt{h^2+k^2}}=0$$

여기서 u_x와 u_y는 각각 $\partial u/\partial x$와 $\partial u/\partial y$를 나타낸다. 한편 Ω에 정의된 사상 $F(x,y)=(u(x,y),v(x,y))$가 점 $(a,b)\in\Omega$에서 미분가능하다는 것은 성분함수 $u(x,y)$와 $v(x,y)$가 모두 점 (a,b)에서 미분가능함을 뜻한다. 이 정의가 『STEIN 복소해석학』의 1장 또는 [글 1–AC]에서 소개한 정의와 일치함을 확인하라.

모든 1차 편도함수가 존재하고 연속인 함수를 **일급함수**, 모든 성분함수가 일급인 사상을 **일급사상**이라고 부른다. 열린 집합에서 일급인 함수 또는 사상은 언제나 미분가능하다는 것이 잘 알려져 있는데, 이 사실은 평균값 정리의 결과이다.

평균값 정리의 내용은 일변수 함수 f가 $[a,b]$에서 연속이고 (a,b)의 각 점에서 미분가능하면 $f(b)-f(a)=(b-a)f'(c)$가 성립토록 하는 $c\in(a,b)$가 있다는 것이다. 이제 함수 f가 열린 구간 I에서 미분가능하고 a 및 $a+h$가 I에 속한다고 가정하자. $h>0$이면 구간 $[a,a+h]$에 평균값 정리를 적용하여 $f(a+h)-f(a)=hf'(c)$가 성립토록 하는 $c\in(a,a+h)$를 찾을 수 있는데, $s=(c-a)/h$로 두면 $0<s<1$, $c=a+sh$이므로 "$f(a+h)-f(a)=hf'(a+sh)$가 성립토록 하는 $s\in(0,1)$

이 존재한다."고 말해도 된다. $h < 0$ 또는 심지어 $h = 0$인 경우에도 똑같은 내용을 말할 수 있음을 확인하라.

함수 $u(x, y)$가 점 (a, b)를 중심으로 하는 열린 원판 D의 각 점에서 편미분가능하다고 하자. 점 $(a+h, b+k)$가 D에 속해 있으면 평균값 정리에 따라 다음과 같은 $s, t \in (0, 1)$이 존재한다.

$$\begin{aligned} &u(a+h, b+k) - u(a, b) \\ &\quad = u(a+h, b+k) - u(a, b+k) + u(a, b+k) - u(a, b) \\ &\quad = hu_x(a+sh, b+k) + ku_y(a, b+tk) \end{aligned}$$

이로부터 다음을 얻는다.

$$\begin{aligned} &|u(a+h, b+k) - u(a, b) - (hu_x(a, b) + ku_y(a, b))| \\ &\leq |h|\,|u_x(a, b) - u_x(a+sh, b+k)| + |k|\,|u_y(a, b) - u_y(a, b+tk)| \\ &\sqrt{h^2 + k^2}\,(|u_x(a, b) - u_x(a+sh, b+k)| + |u_y(a, b) - u_y(a, b+tk)|) \end{aligned}$$

두 실수 s와 t가 (h와 k가 무엇인지에 상관 없이) 언제나 0과 1 사이에 있기 때문에 두 점 $(a+sh, b+k)$와 $(a, b+tk)$에서 점 (a, b)에 이르는 거리는 언제나 $(a+h, b+k)$에서 (a, b)에 이르는 거리를 넘지 못한다. 그러므로 두 편도함수 u_x, u_y가 모두 (a, b)에서 연속이면

$$\lim_{(h,k)\to(0,0)} \frac{u(a+h, b+k) - u(a, b) - (hu_x(a, b) + ku_y(a, b))}{\sqrt{h^2 + k^2}} = 0,$$

즉 함수 $u(x, y)$가 점 (a, b)에서 미분가능하다.

이상의 논의로부터 평면의 열린 집합에서 일급인 함수 또는 사상은 미분가능하다. 그러나 미분가능한 함수 가운데 일급이 아닌 함수도 있다.

1-C 실변수 복소숫값 함수의 적분

1장 3절

『STEIN 복소해석학』 1장 3절은 복소변수 복소숫값 함수의 선적분을 다루며, 독자가 실변수 복소숫값 함수의 미적분에 익숙하다고 가정한다. 그 까닭은 『STEIN 푸리에 해석학』의 부록에서 이미 다루었기 때문이다. 이 글에서는 실변수 복소숫값 함수의 미적분에 관련된 기본적인 내용을 소개하려고 한다. 논의 과정에서 실변수 실숫값 함수에 대하여 알려진 사실을 자유롭게 사용한다.

구간 $[a,b] \subset \mathbb{R}$에 정의된 복소숫값 함수 f의 실수부와 허수부를 각각 u와 v로 나타내자. 실변수 복소숫값 함수 f가 $t \in [a,b]$에서 미분가능하다는 것은 극한

$$\lim_{s \to t} \frac{f(s) - f(t)}{s - t} = f'(t)$$

가 존재함을 뜻한다. 이것은 u와 v가 t에서 미분가능하다는 것과 동치이며, 이 경우 $f'(t) = u'(t) + iv'(t)$이다. 마찬가지로 실숫값 함수 u와 v가 $[a,b]$에서 리만적분 가능할 때, f가 $[a,b]$에서 리만적분가능하다고 말하며 f의 적분을

$$\int_a^b f(t)dt = \int_a^b u(t)dt + i\int_a^b v(t)dt$$

로 **정의**한다. f가 $[a,b]$의 모든 점에서 미분가능하고 f'이 적분가능하면, 자명하게 미적분학의 기본정리가 성립한다. 즉, $\int_a^b f'(t)dt = f(b) - f(a)$이다. 합의 적분이 적분의 합이라는 것도 자명하다.

상수배의 적분이 적분의 상수배라는 사실은 다음과 같은 간단한 계산의 결과이다.

$$\begin{aligned}\int(\alpha + i\beta)f &= \int(\alpha + i\beta)(u + iv) \\ &= \int(\alpha u - \beta v) + i(\alpha v + \beta u) \\ &= \int(\alpha u - \beta v) + i\int(\alpha v + \beta u) \\ &= \alpha\int u - \beta\int v + i\alpha\int v + i\beta\int u\end{aligned}$$

$$
\begin{aligned}
&= (\alpha + i\beta)\left(\int u + i\int v\right) \\
&= (\alpha + i\beta)\int f
\end{aligned}
$$

끝으로 적분의 절댓값이 절댓값의 적분을 넘지 못한다는 사실을 증명하기 위해서 f가 적분가능하다고 가정하자. 이것은 u와 v가 적분가능함을 뜻하기 때문에 $|f| = \sqrt{u^2+v^2}$도 적분가능하다. 우리는 부등식 $|\int f| \le \int |f|$를 증명해야 한다. 좌변이 0이면 증명할 게 없기 때문에 $\int f \neq 0$을 가정해도 된다. 이 적분값을 극형식으로 나타내자. 즉, $\int f = re^{i\theta}$으로 둔다. 이제 다음 계산을 통하여 원하는 부등식을 얻는다.

$$
\begin{aligned}
\left|\int f\right| = r = e^{-i\theta}\int f = \int e^{-i\theta} f = \int \mathrm{Re}\left(e^{-i\theta} f\right) \\
\le \int \left|e^{-i\theta} f\right| = \int |f|
\end{aligned}
$$

여기서 네 번째 등식은 적분 $\int e^{-i\theta} f$의 값이 실수 r이기 때문에 성립한다. 다시 말하면 $\int \mathrm{Im}\left(e^{-i\theta} f\right) = 0$이다.

두 적분값 $\int f$와 $\int |f|$를 리만 합으로 근사함으로써 같은 결과를 증명할 수도 있다. ϵ이 임의로 주어진 양수라고 하자. f와 $|f|$가 적분가능하기 때문에 구간 $[a, b]$의 분할 $a = t_0 < t_1 < \cdots < t_n = b$가 존재하여

$$
\left|\int_a^b f(t)dt - \sum_{k=1}^{n} f(t_k)\Delta t_k\right| < \epsilon \text{ 및 } \left|\int_a^b |f(t)|dt - \sum_{k=1}^{n} |f(t_k)|\Delta t_k\right| < \epsilon
$$

이 성립한다. 여기서 $\Delta t_k = t_k - t_{k-1} > 0$이다. 삼각부등식으로부터 다음을 얻는다.

$$
\left|\int f\right| \le \left|\sum f(t_k)\Delta t_k\right| + \epsilon \le \sum |f(t_k)|\,\Delta t_k \ + \epsilon \le \int |f| + 2\epsilon
$$

이 부등식이 임의의 양수 ϵ에 대하여 성립하기 때문에 원하는 부등식 $|\int f| \le \int |f|$를 얻는다.

1-D 1장 연습문제 5 풀어읽기

1장 연습문제 5

주어진 복소수 a와 b에 대해서 a와 b를 잇는 선분을 $[a,b]$로 나타내자. 즉, $[a,b] = \{a+(b-a)t : 0 \le t \le 1\}$로 나타낸다. a_0, a_1, $\cdots$, $a_N \in \mathbb{C}$일 때, $[a_0,a_1] \cup [a_1,a_2] \cup \cdots \cup [a_{N-1},a_N]$은 a_0와 a_N을 잇는 다각형 모양의 곡선(polygonal lines)이다. 자명하게 이 곡선을 하나의 연속함수 $\gamma : [0,1] \to \mathbb{C}$로 매개화할 수 있다. 이를테면 $[a,b] \cup [b,c]$는

$$\gamma(t) = \begin{cases} a+2(b-a)t & \left(0 \le t \le \frac{1}{2}\right) \\ b+2(c-b)\left(t-\frac{1}{2}\right) & \left(\frac{1}{2} \le t \le 1\right) \end{cases}$$

로 매개화하고 $[a,b] \cup [b,c] \cup [c,d]$는

$$\gamma(t) = \begin{cases} a+3(b-a)t & \left(0 \le t \le \frac{1}{3}\right) \\ b+3(c-b)\left(t-\frac{1}{3}\right) & \left(\frac{1}{3} \le t \le \frac{2}{3}\right) \\ c+3(d-c)\left(t-\frac{2}{3}\right) & \left(\frac{2}{3} \le t \le 1\right) \end{cases}$$

등으로 매개화하면 되는데, 매개화하는 방법이 유일한 것은 아니다. 이렇게 얻은 곡선을 **꺾은선**이라고 부른다. 모든 꺾은선은 당연히 조각마다 매끄럽다. 그러나 조각마다 매끄러운 곡선 가운데는 다각형 곡선이 아닌 것도 있다.

평면의 열린 집합 Ω에 대하여 다음 네 가지 조건을 살펴보자.

(1) 임의의 a, $b \in \Omega$에 대하여 a와 b를 각각 출발점과 도착점으로 가지며 Ω에 포함되는 꺾은선이 존재한다.

(2) 임의의 a, $b \in \Omega$에 대하여 a와 b를 각각 출발점과 도착점으로 가지며 Ω에 포함되는 조각마다 매끄러운 곡선이 존재한다.

(3) 임의의 a, $b \in \Omega$에 대하여 a와 b가 각각 출발점과 도착점으로 가지며 Ω에 포함되는 곡선(실직선의 폐구간에서 Ω로 가는 연속함수)이 존재한다.

(4) Ω가 영역(연결된 열린 집합)이다.

자명하게 함의관계 '(1) $\Longrightarrow$ (2) $\Longrightarrow$ (3)'이 성립한다. 『STEIN 복소해석학』 1장 연습문제 5의 (a)는 '(3) $\Longrightarrow$ (4)'를 보이는 문제이고, 연습문제 5의 (b)는 그 역을 증명하는 문제이다. 연습문제 5의 (b)에서 제시한 방법을 약간 변형하면 '(4) $\Longrightarrow$ (1)'을 보일 수 있다. 점 $w \in \Omega$를 고정하고 Ω의 부분집합 Ω_1과 Ω_2를 각각 Ω에 포함되는 꺾은선으로 w와 이을 수 있는 점들의 집합과 그럴 수 없는 점들의 집합으로 정의하면 되는데, 그 까닭은 점 a와 b가 원판 D에 포함되면 $[a, b] \subset D$가 성립하기 때문이다.

요컨대 평면의 열린 집합 Ω에 대하여 앞서 나열한 네 가지 조건 (1), (2), (3), (4)가 모두 동치이다.

추가로, (1)에서 꺾은선을 그보다 더 제한적인 **실축 또는 허축에 평행한 선분으로만 이루어진 꺾은선**으로 대체할 수 있음을 언급하겠다. 그 까닭은 열린 원판에 포함된 임의의 두 점을 그러한 꺾은선으로 이을 수 있기 때문이다.

2

코시 정리와 그 응용

Cauchy's Theorem and Its Applications

2-A 2장 정리 2.1 풀어읽기

2-B 2장 3절의 적분 계산 풀어읽기

2-C 2장 정리 4.1의 증명과 일반화

2-D 따름정리 4.2를 이용한 정리 4.1의 일반화

2-E 2장 정리 4.4 풀어읽기

2-F 항등정리의 증명과 응용 사례

2장은 코시 구르사 정리로 시작하는데, 그 내용은 모든 해석적 함수가 국소적으로 원시함수를 가진다는 것과 동치이다. 이 사실의 결과로서 코시 적분 공식, 해석적 함수의 멱급수 전개, 항등정리 등을 차례로 얻으며, 이 과정에서 선적분에 관한 기본적인 기법을 접할 수 있다. 『STEIN 복소해석학』을 더 체계적으로 이해하는 데 도움이 될 것으로 생각하는 글을 모아 보았다. 특히, 코시 정리와 그린 정리 사이의 관계를 설명하고, 해석적 함수의 아주 중요한 성질 가운데 하나인 항등정리에 관한 내용을 『STEIN 복소해석학』보다 더 자세하게 설명한다.

2-A 2장 정리 2.1 풀어읽기

2장 2.2절

『STEIN 복소해석학』 2장 정리 2.1의 내용은 열린 원판에서 정칙인 함수가 언제나 원시함수를 가진다는 것이다. 이 사실은 구르사 정리의 거의 즉각적인 결과로서, 이 글에서는 『STEIN 복소해석학』에 주어진 증명보다 조금 더 간결한 증명을 소개하고, 원판보다 약간 더 일반적인 집합에 대해서도 정리가 성립함을 설명한다.

증명에 앞서 적절한 표기법을 도입하면 편리하다. 주어진 복소수 a와 b에 대해서, a와 b를 잇는 선분을 a에서 출발하여 b에서 도착하도록 매개화한 것을 $[a,b]$로 나타내자. 여러 가지로 가능한 매개화 가운데 가장 단순한 것은 $0 \leq t \leq 1$에 대해서 $z = a + (b-a)t$로 두는 것이다.

[글 1–D]에서는 $[a,b]$가 평면의 부분집합을 나타내는 반면에, 이 글에서는 매개화된 곡선을 나타낸다. 그러나 $[a,b]$가 집합과 매개화된 곡선 가운데 무엇을 뜻하는지는 문맥을 통하여 구별할 수 있다.

2-AA 정리 2.1의 간결한 증명

주어진 원판과 그 중심을 각각 D와 c로 나타내고, 함수 f가 D에서 정칙이라고 가정하자. 정칙함수는 연속이므로 D에 포함되는 조각마다 매끄러운 곡선을 따라서 f를 적분할 수 있다. 또한, 자명하게 모든 $z \in D$에 대하여 D의 중심 c와 z를 잇는 선분이 D에 완전히 포함된다. 그러므로 다음과 같이 함수 $F : D \to \mathbb{C}$를 정의할 수 있다.

$$F(z) = \int_{[c,z]} f(\zeta)d\zeta \qquad (z \in D)$$

지금부터 F가 f의 원시함수임을 보인다. 이를 위하여 a, $a+h \in D$ 및 $h \neq 0$을 가정하면 구르사 정리로부터

$$\int_{[c,a]} f(z)dz + \int_{[a,a+h]} f(z)dz + \int_{[a+h,c]} f(z)dz = 0$$

을 얻는데, $[a+h, c]$와 $[c, a+h]$는 같은 선분을 반대방향으로 매개화한 것이라는 사실과 함수 F의 정의로부터 위 식은 다음 식과 동치이다.

$$F(a+h) - F(a) = \int_{[a,a+h]} f(z)dz$$

한편 우변을 $0 \leq t \leq 1$에 대해서 $z = a + ht$로 두고 계산하면

$$\int_{[a,a+h]} f(z)dz = h \int_0^1 f(a+ht)dt$$

이다. 이로부터 다음을 얻는다.

$$\frac{F(a+h) - F(a)}{h} = \int_0^1 f(a+ht)dt$$

따라서

$$\begin{aligned} \left| \frac{F(a+h) - F(a)}{h} - f(a) \right| &= \left| \int_0^1 \left(f(a+ht) - f(a) \right) dt \right| \\ &\leq \int_0^1 \left| f(a+ht) - f(a) \right| dt \end{aligned}$$

이다. 이제 f가 a에서 연속이므로 $h \to 0$에 따라 마지막 표현이 0으로 수렴한다. 이렇게 하여 $F'(a) = f(a)$를 보였다. 이렇게 증명이 끝났다.

2-AB 볼록 집합과 별모양 집합

집합 E가 **볼록하다(convex)**는 것은 E에 속한 임의의 두 점 a와 b에 대해서 선분 $[a, b]$가 E에 포함됨을 뜻한다. [글 2–AA] '정리 2.1의 간결한 증명'에서 원판 D가 볼록집합이라는 사실이 쓰였음을 확인하라. 더 일반적으로 E가 **별모양(star-shaped)**이라는 것은 E의 한 점 c가 존재해서 E에 속한 임의의 점 z에 대하여 선분 $[c, z]$가 E에 포함됨을 뜻한다. 이때, 점 c를 E의 **기준점**이라고 부르자. 모든 볼록집합은 별모양이다. 그러나 $\mathbb{C} \setminus (-\infty, 0]$은 별모양이지만 볼록하지 않다. 모든 양의 실수가 이 집합의 기준점이라는 것을 바로 안다.

별모양 열린 집합 Ω에서 정칙인 함수 f는 원시함수를 가진다. 이 사실을 확인하기 위해 c가 Ω의 기준점이라고 하면, 앞서 한 증명과 같은 방법으로 함수 $F : \Omega \to \mathbb{C}$를 정의할 수 있다. 이제 a가 Ω의 한 점이면, 양수 r이 존재하여 열린 원판 $D_r(a)$가 Ω에 포함되는데, $0 < |h| < r$이면 세 점 c, a, $a + h$를 꼭짓점으로 하는 삼각형 및 그 내부영역이 Ω에 완전히 포함됨을 바로 안다. 따라서 앞서 한 증명과 같은 방법으로 $F'(a) = f(a)$를 얻는다.

집합 $\mathbb{C} \setminus (-\infty, 0]$이 별모양 열린 집합이라는 사실은 다음과 같이 일반화된다. 즉, 열린 집합 Ω가 볼록하고 $a \in \Omega$일 때, L이 a를 끝점으로 하는 반직선이면 $\Omega \setminus L$이 별모양 열린 집합이다.

2-AC 연결집합과 경로연결집합

『STEIN 복소해석학』 1장 1.3절에서는 연결성 개념을 열린 집합과 닫힌 집합에 대해서만 도입하였다. 그러나 연결성 개념은 임의의 집합에 적용가능하다. 집합 E가 **연결되었다(connected)**는 것은 어떤 집합 A와 B도 다음에 나열한 네 가지 조건을 동시에 만족시킬 수 없음을 뜻한다.

$$E = A \cup B, \quad \overline{A} \cap B = A \cap \overline{B} = \varnothing, \quad A \neq \varnothing, \quad B \neq \varnothing$$

E가 열린 집합 또는 닫힌 집합인 경우에는 이 정의와 『STEIN 복소해석학』 1장 1.3절에 주어진 정의가 일치함을 확인하라.

한편 E가 **경로연결되었다(path connected)**는 것은 임의의 a, $b \in E$에 대해서 $\gamma(0) = a$, $\gamma(1) = b$를 만족시키는 연속함수 $\gamma : [0,1] \to E$가 존재함을 뜻한다. 매우 자명하게 모든 별모양 집합은 경로연결집합이다.

이상의 두 가지 연결성에 관하여 잘 알려진 사실을 증명 없이 몇몇 소개한다.

(1) 경로연결성은 연결성을 함의한다. 그러나 평면의 부분집합 가운데 닫혀있고 연결되어 있으나 경로연결은 아닌 것이 있다.

(2) 좌표공간 $\mathbb{R}^n$의 열린집합에 대하여는 경로연결성과 연결성이 동치이다. 『STEIN 복소해석학』 1장 연습문제 5를 참고하라.

(3) 연속사상은 연결성과 경로연결성을 보존한다. 다시 말해서 $E \subset \mathbb{R}^n$이 (경로) 연결이고 $f : E \to \mathbb{R}^m$이 연속이면, $f(E) \subset \mathbb{R}^m$도 (경로)연결이다.

(4) 각 $j \in J$에 대하여 $A_j \subset \mathbb{R}^n$가 (경로)연결이고 $\bigcap_{j \in J} A_j \neq \varnothing$이면, $\bigcup_{j \in J} A_j$도 (경로)연결이다.

2-B 2장 3절의 적분 계산 풀어읽기

2장 3절

『STEIN 복소해석학』 2장 3절에 소개된 계산은

(1) 주어진 영역에서 원시함수를 가지는 연속함수를 그 영역에 포함되는 폐곡선을 따라 적분한 값이 언제나 0이라는 사실(『STEIN 복소해석학』 1장 따름정리 3.3)과

(2) 별모양의 열린 집합에서 정칙인 함수는 모두 원시함수를 가진다는 사실

에 근거한다. 이는 [글 2–AB]를 참고하라. 이제 『STEIN 복소해석학』에 주어진 계산에서 개선할 사항을 소개한다.

2-BA 2장 3절의 예제 1 풀어읽기

짝함수의 푸리에 변환이 언제나 짝함수라는 사실이 잘 알려져 있고, 이는 쉽게 확인된다. 마찬가지로 홀함수의 푸리에 변환은 언제나 홀함수이다. 함수 $e^{-\pi x^2}$ 이 짝함수이므로 이 함수의 푸리에 변환을 계산할 때는 $\xi \geq 0$ 인 경우만 고려해도 된다.

직사각형 경로의 오른쪽 세로변에서 적분값을 추정하는 과정이 다소 불친절하므로 다음과 같이 논의하는 것이 더 바람직하다. 직사각형 경로의 오른쪽 세로변을 따른 적분을 $I(R)$로 두면

$$\begin{aligned}|I(R)| &= \left|\int_0^\xi f(R+iy)idy\right| = \left|\int_0^\xi e^{-\pi(R^2-y^2+2iRy)}idy\right| \\ &\leq \int_0^\xi e^{\mathrm{Re}\left(-\pi(R^2-y^2+2iRy)\right)}dy \leq e^{-\pi R^2}\xi e^{\pi\xi^2}\end{aligned}$$

이므로 각각 고정된 $\xi > 0$ 에 대해서 $\lim_{R\to\infty} I(R) = 0$ 이다. 왼쪽 세로변을 따른 적분의 극한도 0이라는 것을 같은 방법으로 확인할 수 있다.

2-BB 2장 3절의 예제 2 풀어읽기

본격적인 계산에 앞서, 적분구간에서 피적분함수의 행동을 살펴보자. 간단한 계산으로 $x \to 0$ 에 따른 피적분함수의 극한이 $1/2$ 이라는 것을 바로 안다. 그러므로

$$h(x) = \begin{cases}(1-\cos x)/x^2 & (x > 0) \\ 1/2 & (x = 0)\end{cases}$$

으로 주어진 함수 h는 $[0,\infty)$ 에서 연속이다. 자명하게 $0 < x < \infty$ 에 대하여 $0 \leq h(x) \leq 2/x^2$ 이며, 2π 의 정수배인 $x = 2\pi$, 4π, $\cdots$ 에서만 $h(x) = 0$ 이다. 한편 $0 \leq x \leq 2\pi$ 에 대하여 $0 \leq h(x) \leq 1/2$ 이 성립함을 어렵지 않게 확인할 수 있다. 따라서 다음이 성립한다.

$$0 < \lim_{\epsilon\to 0+}\lim_{R\to\infty}\int_\epsilon^R h(x)dx = \lim_{R\to\infty}\lim_{\epsilon\to 0+}\int_\epsilon^R h(x)dx = \int_0^\infty h(x)dx < \infty$$

이제 $f(z) = (1-e^{iz})/z^2$ 을 살펴보자. 이 함수는 $\mathbb{C}\setminus\{0\}$ 에서 정칙이다. 별모양 열린 집합인 $\Omega = \mathbb{C}\setminus\{iy : -\infty < y \leq 0\}$ 이 $\mathbb{C}\setminus\{0\}$ 에 포함되므로 Ω 에서

정칙인 함수 F가 존재하여 모든 $z \in \Omega$에 대하여 $f(z) = F'(z)$이다. 『STEIN 복소해석학』 2장 그림 9에 주어진 오목한 반원이 Ω에 포함된 폐곡선이고 조각마다 매끄러운 것이 자명하므로 이 곡선을 따른 f의 적분이 0이다. 이 곡선은 선분 두 개와 큰 반원 및 작은 반원으로 이루어져 있다. 『STEIN 복소해석학』에서는 큰 반원과 작은 반원을 각각 γ_R^+, γ_ϵ^+로 표기했다. 이 표기법은 논의에 불필요한 '+'를 포함하며, 이에 더하여 일관성이 없다. 이를테면 γ_1^+는 1을 ϵ으로 보았을 때와 R로 보았을 때의 뜻이 다르다. 따라서 이 글에서는 표기법을 다르게 도입한다. 그림 2-1을 참고하라. $r > 0$일 때, $0 \le t \le \pi$에 대하여 $z = re^{it}$으로 매개화한 곡선을 $C(r)$로 나타내면, 큰 반원을 따른 적분은 $\int_{C(R)} f(z)dz$이고 작은 반원을 따른 적분은 $-\int_{C(\epsilon)} f(z)dz$이다.

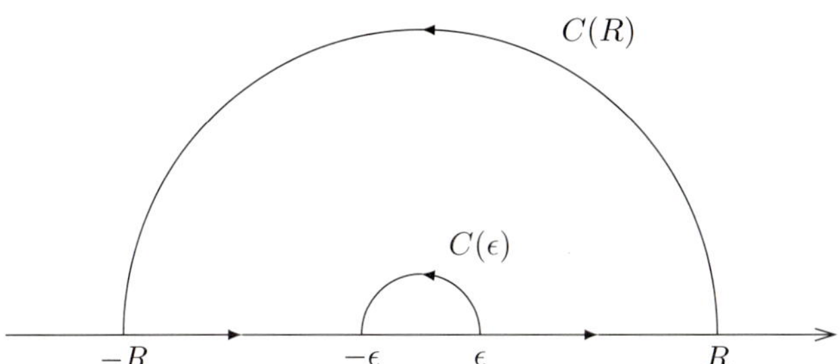

[그림 2-1] 표기법을 다르게 도입한 예제 2의 오목한 반원

이 표기법을 따르면 $0 < \epsilon < R$에 대하여

$$\int_{[-R,-\epsilon]} f(x)dx - \int_{C(\epsilon)} f(z)dz + \int_{[\epsilon,R]} f(x)dx + \int_{C(R)} f(z)dz = 0$$

또는 같은 말로

$$-\int_{[-\epsilon,-R]} f(x)dx - \int_{C(\epsilon)} f(z)dz + \int_{[\epsilon,R]} f(x)dx + \int_{C(R)} f(z)dz = 0$$

또는 같은 말로

$$\int_{[\epsilon,R]} f(x)dx - \int_{[-\epsilon,-R]} f(x)dx = \int_{C(\epsilon)} f(z)dz - \int_{C(R)} f(z)dz$$

이다. 두 선분 $[\epsilon, R]$과 $[-\epsilon, -R]$을 $\epsilon \le x \le R$에 대하여 각각 $z = x$, $z = -x$로

매개화하면

$$\int_{[\epsilon,R]} f(x)dx - \int_{[-\epsilon,-R]} f(x)dx = \int_\epsilon^R f(x)dx + \int_\epsilon^R f(-x)dx$$
$$= \int_\epsilon^R \frac{1-e^{ix}+1-e^{-ix}}{x^2}dx$$
$$= 2\int_\epsilon^R \frac{1-\cos x}{x^2}dx$$

이다. 따라서 다음이 성립한다.

$$\int_\epsilon^R \frac{1-\cos x}{x^2}dx = \frac{1}{2}\left(\int_{C(\epsilon)} f(z)dz - \int_{C(R)} f(z)dz\right) \qquad (0<\epsilon<R)$$

멱급수

$$\sum_{n=0}^\infty \frac{(iz)^n}{(n+2)!}$$

의 극한을 $E(z)$로 두면, $E(z)$는 전해석함수이고 $z \neq 0$에 대해서

$$f(z) = z^{-2}\left(1-\sum_{n=0}^\infty \frac{(iz)^n}{n!}\right) = z^{-2}\left(-iz-\sum_{n=2}^\infty \frac{(iz)^n}{n!}\right)$$
$$= \frac{-i}{z} - \sum_{n=2}^\infty \frac{i^n z^{n-2}}{n!} = \frac{-i}{z} + E(z)$$

이다. 임의의 양수 ϵ에 대하여

$$\int_{C(\epsilon)} \frac{-i}{z}dz = -i\int_0^\pi \frac{1}{\epsilon e^{it}} i\epsilon e^{it}dt = \pi$$

이고, $\max_{|z|\le 1}|E(z)| = M$으로 두면 $0<\epsilon\le 1$에 대해서

$$\left|\int_{C(\epsilon)} E(z)dz\right| \le (C(\epsilon)\text{의 길이}) \times M = \pi\epsilon M$$

이므로

$$\lim_{\epsilon\to 0+}\int_{C(\epsilon)} f(z)dz = \pi$$

이다. 끝으로 $\operatorname{Im}(z) \ge 0$이면 $|e^{iz}| = e^{\operatorname{Re}(iz)} = e^{-\operatorname{Im}(z)} \le 1$인데, 이에 더하여

$z \neq 0$이면

$$|f(z)| = \left|\frac{1-e^{iz}}{z^2}\right| \leq \frac{1+|e^{iz}|}{|z|^2} \leq \frac{2}{|z|^2}$$

이다. 따라서

$$\left|\int_{C(R)} f(z)dz\right| \leq \pi R \times \frac{2}{R^2} = \frac{2\pi}{R}$$

이고, 그러므로

$$\lim_{R\to\infty} \int_{C(R)} f(z)dz = 0$$

이다. 이렇게 하여 원하는 결과

$$\int_0^\infty \frac{1-\cos x}{x^2} dx = \frac{\pi}{2}$$

를 얻는다.

추가로 언급할 내용은 피적분함수가 전해석함수로 확장된다는 것이다. 즉

$$h(z) = \begin{cases} (1-\cos z)/z^2 & (z \in \mathbb{C} \setminus \{0\}) \\ 1/2 & (z=0) \end{cases}$$

으로 주어진 함수가 전해석함수인데, 이는 $\cos z$의 정의

$$\cos z = \sum_{n=0}^{\infty} \frac{(-1)^n}{(2n)!} z^{2n}$$

으로부터 쉽게 알 수 있다.

2-C 2장 정리 4.1의 증명과 일반화

2장 4절

『STEIN 복소해석학』 2장 정리 4.1을 **국소적 형태의 코시 적분 공식**이라고 부른다. 책에 주어진 증명에 소위 **열쇠 구멍**을 따르는 적분이 등장하는데, 열쇠 구멍의 구성

요소인 큰 원, 작은 원, 통로 등의 구체적인 매개화를 제시하는 것이 다소 번거롭다. 한편 (조금 과장해서 말하자면) 모든 수학적 대상은 그것을 구체적으로 정의한 다음에야 비로소 존재한다. 이 글에서는 열쇠 구멍을 도입하지 않는 증명을 소개하고, 관련된 내용을 설명한다.

앞으로 많이 사용하게 될 표기법을 도입한다. 연속함수 ϕ를 원 $|z-c|=r$을 따라 반시계방향으로 적분한 것을 $\int_{|z-c|=r}\phi(z)dz$로 나타낸다. 즉

$$\int_{|z-c|=r}\phi(z)dz=\int_0^{2\pi}\phi(c+re^{it})ire^{it}dt$$

이다. 유계인 열린 집합 Ω의 경계가 조각마다 매끄러운 단순 폐곡선 유한개로 이루어져 있고, 그 단순 폐곡선들을 Ω에 대하여 양의 방향으로 매개화한 것이 C_1, C_2, $\cdots$, C_N일 때, $\int_{C_1}\phi(z)dz+\cdots+\int_{C_N}\phi(z)dz$를 $\int_{\partial\Omega}\phi(z)dz$로 나타낸다. 보기를 들면, $\Omega=D_6(0)\setminus\big(\overline{D}_1(1)\cup\overline{D}_1(4)\big)$일 때

$$\int_{\partial\Omega}\phi(z)dz=\int_{|z|=6}\phi(z)dz-\int_{|z-1|=1}\phi(z)dz-\int_{|z-4|=1}\phi(z)dz$$

이다.

2-CA 열쇠 구멍을 도입하지 않고 2장 정리 4.1 증명하기

『STEIN 복소해석학』 2장 정리 4.1을 다음과 같이 기술해도 된다.

다시 기술한 『STEIN 복소해석학』 2장 정리 4.1

함수 f가 열린 집합 Ω에서 정칙이고 D가 열린 원판인데, $a\in D$, $\overline{D}\subset\Omega$를 가정하면

$$f(a)=\frac{1}{2\pi i}\int_{\partial D}\frac{f(z)}{z-a}dz$$

이다.

도움정리를 하나 도입하면 편리하다.

도움정리 C.1 열린 원판 D의 폐포가 열린 집합 Ω에 포함된다고 하자. $\epsilon > 0$, $\overline{D}_\epsilon(a) \subset D$일 때, ϕ가 $\Omega \setminus \{a\}$에서 정칙이면

$$\int_{\partial D} \phi(z)dz = \int_{|z-a|=\epsilon} \phi(z)dz$$

이다.

증명

우선 $0 \le a < r$, $0 < \epsilon < r - a$, $D = D_r(0)$인 특별한 상황에서 이 등식을 확인해보자. $\overline{D}$가 Ω에 포함되므로 적당한 $\rho > r$에 대하여 $D_\rho(0)$이 Ω에 포함된다. $\Omega_1 = D_\rho(0) \setminus (-\infty, a]$와 $\Omega_2 = D_\rho(0) \setminus [a, \infty)$가 모두 $\Omega \setminus \{a\}$에 포함되는 별모양 열린 집합이다. 이때 유계영역인 $R_1 = \{z \in D : |z-a| < \epsilon, \mathrm{Re}(z) > a\}$와 $R_2 = \{z \in D : |z-a| > \epsilon, \mathrm{Re}(z) < a\}$의 폐포가 각각 Ω_1과 Ω_2에 포함된다. 자명하게 R_1과 R_2의 경계는 각각 Ω_1과 Ω_2에 포함되며 조각마다 매끄러운 단순 폐곡선이다. 그러므로 다음이 성립한다.

$$\int_{\partial R_1} \phi(z)dz = \int_{\partial R_2} \phi(z)dz = 0$$

이 적분들을 구체적으로 나타내보자. $\alpha = \sqrt{r^2 - a^2}$, $\beta = \arcsin(\alpha/r)$로 두고 $-\beta \le t \le \beta$에 대해서 $z = re^{it}$으로 매개화한 것을 C_1으로, $\beta \le t \le 2\pi - \beta$에 대해서 $z = re^{it}$으로 매개화한 것을 C_2로, $-\pi/2 \le t \le \pi/2$에 대해서 $z = a + \epsilon e^{it}$으로 매개화한 것을 C_3로, $\pi/2 \le t \le 3\pi/2$에 대해서 $z = a + \epsilon e^{it}$으로 매개화한 것을 C_4로 하면 다음이 성립한다.

$$\int_{\partial R_1} \phi(z)dz = \int_{C_1} \phi(z)dz + \int_{[i\alpha, i\epsilon]} \phi(z)dz - \int_{C_3} \phi(z)dz + \int_{[-i\epsilon, -i\alpha]} \phi(z)dz,$$

$$\int_{\partial R_2} \phi(z)dz = \int_{C_2} \phi(z)dz + \int_{[-i\alpha, -i\epsilon]} \phi(z)dz - \int_{C_4} \phi(z)dz + \int_{[i\epsilon, i\alpha]} \phi(z)dz$$

$\int_{\partial R_1} \phi(z)dz = \int_{\partial R_2} \phi(z)dz = 0$이므로 우변의 합도 0이 된다. 우변을 합하면 수직인 선분을 따른 적분이 상쇄되어 다음과 같이 원하는 결과를 얻는다.

$$0 = \int_{C_1} \phi(z)dz + \int_{C_2} \phi(z)dz - \int_{C_3} \phi(z)dz - \int_{C_4} \phi(z)dz$$

$$= \int_{|z|=r} \phi(z)dz - \int_{|z-a|=\epsilon} \phi(z)dz$$
$$= \int_{\partial D} \phi(z)dz - \int_{|z-a|=\epsilon} \phi(z)dz$$

일반적으로 $0 < r < \rho$, $a \in D = D_r(c)$, $0 < \epsilon < r - |a-c|$, $D_\rho(c) \subset \Omega$로 가정한다. $a \neq c$이면

$$L_1 = \{a + t(c-a) : t \geq 0\},$$

$$L_2 = \{a + t(a-c) : t \geq 0\},$$

$$\Omega_1 = D_\rho(c) \setminus L_1,$$

$$\Omega_2 = D_\rho(c) \setminus L_2,$$

$$R_1 = \{z \in D : |z-a| > \epsilon,\ \mathbf{Re}((z-a)/(a-c)) > 0\},$$

$$R_2 = \{z \in D : |z-a| > \epsilon,\ \mathbf{Re}((z-a)/(a-c)) < 0\}$$

으로 놓는다. 그리고 $a = c$이면

$$L_1 = \{a - t : t \geq 0\},$$

$$L_2 = \{a + t : t \geq 0\},$$

$$\Omega_1 = D_\rho(c) \setminus L_1,$$

$$\Omega_2 = D_\rho(c) \setminus L_2,$$

$$R_1 = \{z \in D : |z-a| > \epsilon,\ \mathbf{Re}(z-a) > 0\},$$

$$R_2 = \{z \in D : |z-a| > \epsilon,\ \mathbf{Re}(z-a) < 0\}$$

으로 놓는다. 그러면 앞에서와 같은 논의가 가능함을 바로 안다. ■

2장 정리 4.1의 증명

함수 f가 열린 집합 Ω에서 정칙이고 D가 열린 원판일 때 $a \in D$, $\overline{D} \subset \Omega$를 가정하자. 함수 Q_a를

$$Q_a(z) = \begin{cases} \dfrac{f(z) - f(a)}{z - a} & (z \in \Omega \setminus \{a\}) \\ f'(a) & (z = a) \end{cases}$$

로 정의하면, Q_a는 $\Omega \setminus \{a\}$에서 정칙이고 $z = a$에서 연속이다. 특별히 Q_a는 Ω에서 연속이다. 그러므로 $\max_{z\in\overline{D}} |Q_a(z)|$가 유한한 값으로 존재하며, $\epsilon > 0$, $\overline{D}_\epsilon(a) \subset D$일 때 도움정리 C.1로부터

$$\int_{\partial D} Q_a(z)dz = \int_{|z-a|=\epsilon} Q_a(z)dz$$

를 얻는다. 이때 좌변이 ϵ에 무관한 반면 우변의 절댓값은 $2\pi\epsilon \times \max_{z\in\overline{D}} |Q_a(z)|$를 넘지 못하기 때문에 양변 모두 0일 수밖에 없다.

함수 $f(z)/(z - a)$에 대해서도 도움정리 C.1을 적용할 수 있으므로

$$\begin{aligned}\int_{\partial D} \frac{f(z)}{z-a}dz &= \int_{|z-a|=\epsilon} \frac{f(z)}{z-a}dz \\ &= \int_{|z-a|=\epsilon} Q_a(z)dz + \int_{|z-a|=\epsilon} \frac{f(a)}{z-a}dz \\ &= f(a)\int_{|z-a|=\epsilon} \frac{1}{z-a}dz \\ &= f(a) \times 2\pi i\end{aligned}$$

를 얻는다. 이로써 2장 정리 4.1의 증명이 끝났다. ■

위의 증명에 나오는 함수 Q_a는 사실 $z = a$에서 정칙이다. 이후에 소개할 [글 2–E]의 끝 부분을 참고하라.

2-D 따름정리 4.2를 이용한 정리 4.1의 일반화

∞ 2장 4절

『STEIN 복소해석학』 2장 정리 4.1의 결과인 따름정리 4.2는 주어진 영역에서 정칙인 함수의 도함수도 같은 영역에서 정칙이라는 사실을 함의한다. 이 사실과 그린 정리를 이용하면 2장 정리 4.1을 일반화할 수 있다.

우선 그린 정리의 내용을 알아본다. 조각마다 매끄러운 곡선 C가 $a \le t \le b$에 대해서 $x = x(t)$, $y = y(t)$로 매개화되었을 때, 이 곡선을 따른 (연속)벡터장 $\mathbf{F} = (P, Q)$의 선적분을 $\int_C Pdx + Qdy$로 나타내기도 한다. 즉

$$\int_C Pdx + Qdy = \int_a^b \big(P(x(t), y(t))x'(t) + Q(x(t), y(t))y'(t)\big)dt$$

이다. 다음 정리는 대부분의 미적분학 교과서에 소개되어 있으며, 엄밀한 증명은 다변수 해석학에서 다룬다.

그린 정리

유계인 열린 집합 Ω의 경계가 조각마다 매끄러운 단순 폐곡선 유한개로 이루어져 있으며, 2변수 실숫값 함수 P와 Q가 $\overline{\Omega}$를 포함하는 열린 집합에서 일급이면

$$\int_{\partial\Omega} Pdx + Qdy = \iint_{\overline{\Omega}} \left(\frac{\partial Q}{\partial x} - \frac{\partial P}{\partial y}\right) dxdy$$

이다.

여기서 **일급**은 편미분가능하고 모든 일계 편도함수가 연속이라는 것을 뜻한다. 또한 그린 정리 식의 좌변은 Ω의 경계를 이루는 각각의 단순 폐곡선을 따라 벡터장 $\mathbf{F} = (P, Q)$를 Ω에 대하여 양의 방향으로 선적분한 값의 합이고, 우변은 2변수 연속함수 $Q_x - P_y$를 (유계이고 닫혀있는) 평면영역 $\overline{\Omega}$에서 이중적분한 것이다.

도움정리 C.1에서

$$\int_{\partial D} \phi(z)dz = \int_{|z-a|=\epsilon} \phi(z)dz$$

를

$$\int_{\partial(D\setminus\overline{D}_\epsilon(a))}\phi(z)dz=0$$

과 같이 나타내도 된다. 그러므로 다음 명제는 도움정리 C.1을 일반화한 것이다.

명제 D.1 유계인 열린 집합 Ω의 경계가 조각마다 매끄러운 단순 폐곡선 유한개로 이루어져 있으며 f가 $\overline{\Omega}$에서 정칙이면

$$\int_{\partial\Omega}f(z)dz=0$$

이다.

증명

함수 f가 $\overline{\Omega}$를 포함하는 영역 $\widetilde{\Omega}$에서 정칙이라고 가정하자. x, y가 실수이고 $x+iy\in\widetilde{\Omega}$일 때, $f(x+iy)$의 실수부와 허수부를 각각 $u(x,y)$, $v(x,y)$로 나타내면 u, v는 $\widetilde{\Omega}$에서 편미분가능하고 $f'=u_x+iv_x=v_y-iu_y=u_x-iu_y=v_y+iv_x$이다. 『STEIN 복소해석학』 2장 따름정리 4.2에 따라 f'도 $\widetilde{\Omega}$에서 정칙인데, 이로부터 f'의 실수부와 허수부가 $\widetilde{\Omega}$에서 연속임을 안다. 따라서 u와 v는 $\widetilde{\Omega}$에서 일급이다. 또한 간단한 계산을 통하여 다음이 성립함을 바로 안다.

$$\int_{\partial\Omega}f(z)dz=\int_{\partial\Omega}udx-vdy+i\int_{\partial\Omega}vdx+udy$$

u와 v가 일급이기 때문에 우변에 있는 두 선적분에 그린 정리를 적용하여 다음을 얻는다.

$$\int_{\partial\Omega}udx-vdy=-\iint_{\overline{\Omega}}(v_x+u_y)\,dxdy,$$
$$\int_{\partial\Omega}vdx+udy=\iint_{\overline{\Omega}}(u_x-v_y)\,dxdy$$

끝으로 u와 v가 코시-리만 방정식을 만족시키기 때문에 이중적분의 피적분함수인 v_x+u_y와 u_x-v_y가 $\widetilde{\Omega}$에서 항등적으로 0이다. 이로부터 원하는 결과를 얻는다. ■

명제 D.1을 적용하면 γ가 『STEIN 복소해석학』 2장 2절에 나오는 **장난감 곡선**이고 f가 γ 및 그 내부를 포함하는 영역에서 정칙일 때 $\int_\gamma f(z)dz = 0$임을 바로 안다. 또한, **열쇠 구멍**을 도입하여 통로의 폭을 줄이는 등의 논의가 필요 없게 된다.

일반화된 코시 적분 공식

유계인 열린 집합 Ω의 경계가 조각마다 매끄러운 단순 폐곡선 유한개로 이루어져 있으며 f가 $\overline{\Omega}$에서 정칙이면

$$f(a) = \frac{1}{2\pi i}\int_{\partial\Omega}\frac{f(z)}{z-a}dz \qquad (a \in \Omega)$$

이다.

증명

$a \in \Omega$를 가정하면, 양수 ϵ이 존재하여 $\overline{D}_\epsilon(a)$가 Ω에 포함된다. 열린 집합 $\Omega\backslash\overline{D}_\epsilon(a)$와 함수 $f(z)/(z-a)$가 명제 D.1의 조건을 만족시키므로

$$\int_{\partial(\Omega\backslash\overline{D}_\epsilon(a))}\frac{f(z)}{z-a}dz = 0$$

이다. 한편 $\Omega \setminus \overline{D}_\epsilon(a)$의 경계는 Ω의 경계에 원 $|z-a| = \epsilon$을 추가한 것이고, 이 원을 $\Omega \setminus \overline{D}_\epsilon(a)$에 대하여 양의 방향으로 매개화하면 시계방향이 되어야 하므로

$$\int_{\partial(\Omega\backslash\overline{D}_\epsilon(a))}\frac{f(z)}{z-a}dz = \int_{\partial\Omega}\frac{f(z)}{z-a}dz - \int_{|z-a|=\epsilon}\frac{f(z)}{z-a}dz$$

이며, 따라서

$$\int_{\partial\Omega}\frac{f(z)}{z-a}dz = \int_{|z-a|=\epsilon}\frac{f(z)}{z-a}dz$$

이다. 이제 2장 정리 4.1의 증명과 같은 방법으로

$$\int_{|z-a|=\epsilon}\frac{f(z)}{z-a}dz = 2\pi i f(a)$$

를 얻어 증명이 끝난다. ■

2-E 2장 정리 4.4 풀어읽기

2장 4절

열린 집합 Ω에 정의된 함수 f가 **복소해석적(complex analytic)** 또는 간단히 **해석적**이라는 것은 f가 Ω의 각 점에서 멱급수로 표현됨, 즉 각각의 $a \in \Omega$에 대하여 Ω에 포함되며 a가 중심인 열린 원판 D와 수열 $\langle a_n \rangle_{n=0}^{\infty}$이 존재하여

$$\forall z \in D \quad f(z) = \sum_{n=0}^{\infty} a_n (z-a)^n$$

이 성립함을 뜻한다. 함수 f가 Ω에서 해석적이면, 『STEIN 복소해석학』 1장 정리 2.6에 따라 f는 Ω에서 정칙이고, 또한 f'도 Ω에서 해석적이다. 코시 적분 공식(『STEIN 복소해석학』 2장 정리 4.1)의 결과인 2장 정리 4.4는 이 사실의 역에 해당하는 "Ω에서 정칙인 함수는 모두 해석적이다."라는 사실을 함의한다. 실제로는 이 사실보다 조금 더 강한 다음 명제를 함의하는데, 이 증명은 독자에게 남긴다.

명제 E.1 f가 열린 집합 Ω에서 정칙이고 $r > 0$, $D_r(a) \subset \Omega$이면 수열 $\langle a_n \rangle_{n=0}^{\infty}$이 존재하여

$$\forall z \in D \quad f(z) = \sum_{n=0}^{\infty} a_n (z-a)^n$$

이 성립한다.

따름정리 f가 열린 집합 Ω에서 정칙이면, 모든 n에 대하여 $f^{(n)}$이 Ω에서 정칙이다. 또한 $r > 0$, $D_r(a) \subset \Omega$이면

$$\forall z \in D \quad f(z) = \sum_{n=0}^{\infty} \frac{f^{(n)}(a)}{n!} (z-a)^n$$

이 성립한다.

다음 명제 E.2는 항등정리(『STEIN 복소해석학』 2장 정리 4.8)의 증명에서 중요한

역할을 한다. 명제를 정확하게 기술하기 위해서 표기법을 하나 도입한다. $a \in \mathbb{C}$, $E \subset \mathbb{C}$일 때, a가 중심이고 E에 포함되는 열린 원판들의 집합을 $\mathcal{D}_a(E)$로 나타내자. 이 표기법에 따르면 집합 $E \subset \mathbb{C}$가 열린 집합일 필요충분조건이 다음과 같음을 확인하라.

$$\forall a \in E \quad \mathcal{D}_a(E) \neq \varnothing$$

명제 E.2 함수 f가 열린 집합 Ω에서 정칙이고 $a \in \Omega$, $f(a) = 0$일 때

$$S_a = \{n \in \mathbb{N} : n \geq 1,\ f^{(n)}(a) \neq 0\}$$

으로 두면, 두 조건 $S_a = \varnothing$과 $S_a \neq \varnothing$이 각각 (1)과 (2)를 함의한다.

(1) $\forall D \in \mathcal{D}_a(\Omega) \quad \forall z \in D \quad f(z) = 0$

(2) $\exists D \in \mathcal{D}_a(\Omega) \quad \forall z \in D \setminus \{a\} \quad f(z) \neq 0$

증명

$f(a) = 0$을 가정하기 때문에, 이에 더하여 $S_a = \varnothing$을 가정하면 $f(a) = f'(a) = f''(a) = \cdots = 0$이므로 명제 E.1의 따름정리에 의하여 모든 $D \in \mathcal{D}_a(\Omega)$에 대하여 f가 D에서 항등적으로 0이다. 이로부터 (1)의 증명이 끝났다.

이제 $S_a \neq \varnothing$ 및 $D \in \mathcal{D}_a(\Omega)$를 가정하고 $m = \min S_a$로 두면 $f(a) = \cdots = f^{(m-1)}(a) = 0$이므로 $z \in D$에 대하여

$$f(z) = \sum_{n=m}^{\infty} \frac{f^{(n)}(a)}{n!}(z-a)^n = (z-a)^m \sum_{n=m}^{\infty} \frac{f^{(n)}(a)}{n!}(z-a)^{n-m}$$

이 성립하는데, 마지막 표현에 있는 급수의 첫째 항인 $f^{(m)}(a)/m!$은 0이 아니다. 함수 $g : \Omega \to \mathbb{C}$를

$$g(z) = \begin{cases} (z \quad a)^{-m} f(z) & (z \neq a) \\ f^{(m)}(a)/m! & (z = a) \end{cases}$$

로 정의하자. g가 열린집합 $\Omega \setminus \{a\}$에서 정칙인 것이 자명하고, 또한 모든 $z \in D$에 대해서 $g(z) = \sum_{n=m}^{\infty} a_n (z-a)^{n-m}$이다. 그러므로 g는 Ω 전체에서 정칙이고

모든 $z \in \Omega$에 대해서 $f(z) = (z-a)^m g(z)$이며 $g(a) \neq 0$이다. g가 연속함수이므로 어떤 $D' \in \mathcal{D}_a$가 존재하여 모든 $z \in D'$에 대하여 $g(z) \neq 0$이다. 따라서

$$\forall z \in D' \setminus \{a\} \quad f(z) = (z-a)^m g(z) \neq 0$$

을 얻어 (2)의 증명이 끝났다. ■

점 a가 집합 E의 **극한점(limit point)**이라는 것은 $E \setminus \{a\}$의 점들로 이루어져 있으며 a로 수렴하는 수열이 존재함을 뜻한다. 이 조건이 다음과 동치라는 것을 쉽게 확인할 수 있다.

$$\forall r > 0 \quad E \cap \big(D_r(a) \setminus \{a\}\big) \neq \varnothing$$

집합 E의 극한점들로 이루어진 집합을 E'으로 나타낸다. 한편 a가 E의 **내점(interior point)**이라는 것은 a가 중심인 열린 원판 가운데 E에 포함되는 것이 있음을 뜻한다. 즉 $\mathcal{D}_a(E) \neq \varnothing$이다. E의 내점들로 이루어진 집합을 E°로 나타낸다.

열린집합 Ω에서 정칙인 함수 f의 영점집합을 $\mathcal{Z}(f)$로 나타내자. 즉

$$\mathcal{Z}(f) = \{z \in \Omega : f(z) = 0\}$$

이다. 명제 E.2를 다음과 같이 기술해도 된다.

> f가 열린 집합 Ω에서 정칙이고 $a \in \mathcal{Z}(f)$일 때, $S_a = \varnothing$이면 $a \in \mathcal{Z}(f)^\circ$가 성립하고 $S_a \neq \varnothing$이면 $a \notin \mathcal{Z}(f)'$이 성립한다.

끝으로 [글 2–CA]에 주어진 『STEIN 복소해석학』 2장 정리 4.1의 증명에 나오는 함수 Q_a가 점 $z = a$에서 정칙이라는 사실을 설명한다. 정리 4.4에 따르면 점 a가 중심인 원판 D가 Ω에 포함될 때 다음이 성립한다.

$$f(z) = \sum_{n=0}^{\infty} \frac{f^{(n)}(a)}{n!}(z-a)^n \qquad (z \in D)$$

이로부터 다음을 바로 얻는다.

$$Q_a(z) = \sum_{n=0}^{\infty} \frac{f^{(n+1)}(a)}{(n+1)!}(z-a)^n \qquad (z \in D)$$

그러므로 Q_a는 $z = a$에서 정칙이고, 따라서 Ω 전체에서 정칙이다.

2-F 항등정리의 증명과 응용 사례

2장 4절

항등정리(『STEIN 복소해석학』 2장 정리 4.8)는 모든 정칙함수가 국소적으로 멱급수 전개 가능하다는 정리 4.4의 결과이며, 연결성(connectedness)이라는 개념과 관련되어 있다. 열린 집합 Ω가 **연결되었다(connected)**는 것은 어떤 열린 집합 U와 V도 다음 네 가지 조건을 동시에 만족시킬 수 없음을 뜻한다.

$$\Omega = U \cup V, \quad U \cap V = \varnothing, \quad U \neq \varnothing, \quad V \neq \varnothing$$

연결된 열린 집합을 **영역(region)**이라고 부른다. 따라서 Ω가 영역이고 열린 집합 U와 V가 $\Omega = U \cup V$ 및 $U \cap V = \varnothing$를 만족시키면 U와 V 가운데 하나가 공집합이어야 되는데, 이에 따라 U와 V 가운데 공집합이 아닌 집합이 있으면 그것이 Ω와 일치한다.

점 a가 집합 E의 **극한점**이라는 것은 '집합 $E \setminus \{a\}$의 점들로 이루어진 수열 가운데 a로 수렴하는 것이 있음'을 뜻하는데, 이 조건이 '모든 $r > 0$에 대해서 $E \cap (D_r(a) \setminus \{a\}) \neq \varnothing$'임과 동치임을 바로 안다. 집합 E의 극한점들로 이루어진 집합을 E'으로 표기했음을 상기하자. 함수 f의 영점집합을 $\mathcal{Z}(f)$로 나타내자. 즉,

$$\mathcal{Z}(f) = \{z : f(z) = 0\}$$

이다.

항등정리의 내용은 'f가 영역 Ω에서 정칙이고 $\mathcal{Z}(f)' \cap \Omega \neq \varnothing$이면, f가 Ω에서 항등적으로 0이다.'는 것이다. 『STEIN 복소해석학』에 주어진 증명보다 조금 더 간결하고 대칭성이 잘 보이는 증명을 소개하고, 응용 사례 등 관련된 내용을 설명한다.

항등정리의 증명

두 집합 U, V를 각각 다음과 같이 정의하자.

$$U = \{a \in \Omega : \exists n \; f^{(n)}(a) \neq 0\}, \quad V = \{a \in \Omega : \forall n \; f^{(n)}(a) = 0\}$$

자명하게 $\Omega = U \cup V$와 $U \cap V = \varnothing$이 성립한다. 함수 $f^{(n)}$이 Ω의 모든 점에서 연속이기 때문에, $a \in \Omega$이고 $f^{(n)}(a) \neq 0$이면 a를 중심으로 하는 적당한 열린 원판에 속한 모든 점에서 $f^{(n)} \neq 0$이다. 따라서 U가 열린 집합이다. 한편, $a \in V$이고 $D_r(a) \subset \Omega$이면 원판 $D_r(a)$ 전체에서 $f^{(n)} = 0$이다. 따라서 V도 열린 집합이다.

이제 Ω가 영역(연결된 열린 집합)이므로 $U = \Omega$이거나 $V = \Omega$이다. 그런데 [글 2–E]의 명제 E.2의 증명에서와 같은 방법으로 $U \cap \mathcal{Z}(f)' = \varnothing$을 얻는데, $U = \Omega$이면 가정 $\mathcal{Z}(f)' \cap \Omega \neq \varnothing$에 모순이다. 따라서 $V = \Omega$이고, 이로부터 원하는 결과를 얻는다. 증명이 끝났다.

지수법칙의 증명

영역 Ω에서 정칙인 두 함수 f와 g가 $E \subset \Omega$의 각 점에서 함숫값이 일치하고 이에 더하여 $E' \cap \Omega \neq \varnothing$이면, $f - g$가 Ω에서 정칙이고 $\varnothing \neq E' \cap \Omega \subset \mathcal{Z}(f-g)' \cap \Omega$이므로 항등정리에 따라 $\Omega = \mathcal{Z}(f-g)$, 즉 모든 $z \in \Omega$에 대하여 $f(z) = g(z)$가 성립한다. 이 사실을 이용하여 지수법칙, 즉 '모든 복소수 $z, w \in \mathbb{C}$에 대해서 $e^{z+w} = e^z e^w$이 성립한다.'를 증명할 수 있다. 우리는 지수함수 e^z이 전해석함수이고, 모든 실수 $x, y \in \mathbb{R}$에 대하여 $e^{x+y} = e^x e^y$이 성립함을 알고 있다.

우선 x가 임의로 주어진 실수일 때, 함수 f_x와 g_x를 $f_x(z) = e^{x+z}$, $g_x(z) = e^x e^z$으로 정의하자. 자명하게 f_x와 g_x는 전해석함수이며 모든 실수 $y \in \mathbb{R}$에 대해서

$f_x(y) = e^{x+y} = e^x e^y = g_x(y)$가 성립한다. 복소평면 $\mathbb{C}$가 영역이고 $\mathbb{R}' \cap \mathbb{C} = \mathbb{R} \cap \mathbb{C} = \mathbb{R} \neq \varnothing$이므로, f_x와 g_x는 같은 함수이다. x가 임의로 주어진 실수였으므로 다음을 증명했다.

$$\forall x \in \mathbb{R} \quad \forall z \in \mathbb{C} \quad e^{x+z} = e^x e^z$$

이번에는 임의로 주어진 복소수 w에 대하여 $f^w(z) = e^{z+w}$, $g^w(z) = e^z e^w$으로 주어진 두 함수 f^w와 g^w를 생각하자. 방금 증명한 내용으로는 모든 $x \in \mathbb{R}$에 대해서 $f^w(x) = g^w(x)$이므로, f^w와 g^w는 같은 전해석함수이다. 즉, 모든 복소수 z에 대하여 $e^{z+w} = e^z e^w$이 성립한다. w가 임의로 주어진 복소수였으므로 지수법칙을 증명했다.

모든 복소수 z에 대하여 멱급수 $\sum_{n=0}^{\infty} z^n/n!$이 e^z으로 절대수렴한다는 사실과 이항정리를 이용하여 지수법칙을 다음과 같이 증명할 수도 있다.

$$\begin{aligned}
e^{z+w} &= \sum_{n=0}^{\infty} \frac{(z+w)^n}{n!} \\
&= \sum_{n=0}^{\infty} \frac{1}{n!} \sum_{k=0}^{n} \binom{n}{k} z^k w^{n-k} \\
&= \sum_{n=0}^{\infty} \frac{1}{n!} \sum_{k+l=n} \frac{n!}{k!l!} z^k w^l \\
&= \sum_{n=0}^{\infty} \sum_{k+l=n} \frac{z^k}{k!} \cdot \frac{w^l}{l!} \\
&= \sum_{k=0}^{\infty} \frac{z^k}{k!} \sum_{l=0}^{\infty} \frac{w^l}{l!} \\
&= e^z e^w
\end{aligned}$$

『STEIN 복소해석학』 7장 3절은 절대수렴하는 이중급수에 관한 내용이다. [글 7–C]에서 절대수렴하는 급수에 관한 내용을 좀 더 체계적으로 설명한다.

정칙함수에 대한 연쇄법칙의 증명

연쇄법칙의 내용은 f가 z_0에서 복소미분가능하고 g가 $f(z_0)$에서 복소미분가능하면, 합성함수 $g \circ f$가 z_0에서 복소미분가능하고 $(g \circ f)'(z_0) = g'(f(z_0))f'(z_0)$, 즉

$$\lim_{z \to z_0} \frac{g(f(z)) - g(f(z_0))}{z - z_0} = g'(f(z_0))f'(z_0)$$

가 성립한다는 것이다. [글 1–AB]에서 소개한 이 사실의 증명은 실변수 실숫값 함수의 경우와 동일한데, 0을 0으로 나누는 것을 피하기 위해서 $\psi(h)$ 등의 보조함수를 사용했다. 한편 f가 z_0에서 정칙이면 그러한 보조함수를 도입하지 않고 바로 증명할 수 있다.

함수 f가 z_0에서 정칙이면, 정칙성의 정의에 따라 양수 r이 존재하여 f가 원판 $D_r(z_0)$의 모든 점에서 미분가능하다. 이때 (필요하다면 $r > 0$을 더 작은 것으로 대체함으로써) 모든 $z \in D_r(z_0)$에 대하여 $g(f(z))$가 정의되었다고 가정해도 된다. 함수 $f(z) - f(z_0)$는 원판 $D_r(z_0)$에서 정칙이고 원판의 중심인 z_0에서 함숫값이 0이다. 항등정리에 따라 이 함수는 원판 $D_r(z_0)$에서 항등적으로 0이든가, 아니면 z_0에 충분히 가까운 모든 $z \neq z_0$에 대해서 0이 아니다. 첫 번째 경우는 f와 $g \circ f$가 모두 원판 $D_r(z_0)$에서 상수함수가 되어 더 이상 증명할 것이 없다. 한편 두 번째 경우는 z_0에 충분히 가까운 모든 $z \neq z_0$에 대해서

$$\frac{g(f(z)) - g(f(z_0))}{z - z_0} = \frac{g(f(z)) - g(f(z_0))}{f(z) - f(z_0)} \cdot \frac{f(z) - f(z_0)}{z - z_0}$$

가 성립하는데, $z \to z_0$에 따른 우변의 극한이 $g'(f(z_0))f'(z_0)$이므로 증명이 끝난다.

3

유리형함수와 로그함수

Meromorphic Functions and the Logarithm

3장의 내용은 대략 다음과 같다. 세 가지 유형의 고립특이점이 있다는 사실과 로랑 급수 사이의 관계를 설명한다. 연속변형에 관한 정리인 3장 정리 5.1을 『STEIN 복소해석학』보다 더 엄밀하게 증명하고, 주어진 영역이 단순연결영역일 조건을 알아본다. 또한 『STEIN 복소해석학』 [부록 B]에 소개된 **회전수(winding number)**, 또는 같은 말로 **감는수**에 관련된 내용을 살펴본다.

3-A 열쇠 구멍 또는 유사한 장난감 경로의 사용

3장 3절

우선 [글 2-D]에서 언급하였듯이, 같은 글의 명제 D.1과 일반화된 코시 적분 공식을 사용하면 열쇠 구멍 등의 장난감 경로를 도입하지 않고 논의를 전개할 수 있다. 이를테면 『STEIN 복소해석학』 3장 정리 3.1의 증명을 살펴보자. $r>0$, $\overline{D}_r(z_0) \subset \Omega$ 이면 $0<\epsilon<r$일 때 함수 f가 영역 $\{z \in \mathbb{C} : \epsilon < |z-z_0| < r\}$의 폐포를 포함하는 영역에서 해석적이기 때문에 [글 2-D]의 일반화된 코시 적분 공식으로부터 $0<\epsilon<|z-z_0|<r$에 대하여

$$f(z) = \frac{1}{2\pi i}\int_{|\zeta-z_0|=r}\frac{f(\zeta)}{\zeta-z}d\zeta - \frac{1}{2\pi i}\int_{|\zeta-z_0|=\epsilon}\frac{f(\zeta)}{\zeta-z}d\zeta$$

를 바로 얻는다. 한편 두 번째 적분은 $0<\epsilon<|z-z_0|<r$일 때 ϵ에 무관하고 또 f가 $\Omega \setminus \{z_0\}$에서 유계이기 때문에 그 값이 0일 수밖에 없다. 따라서

$$f(z) = \frac{1}{2\pi i}\int_{|\zeta-z_0|=r}\frac{f(\zeta)}{\zeta-z}d\zeta \quad (0<|z-z_0|<r)$$

인데, 우변의 적분을 z의 함수로 보면 원판 $D_r(z_0)$에서 해석적이다.[1] 그러므로

$$f(z_0) = \frac{1}{2\pi i}\int_{|\zeta-z_0|=r}\frac{f(\zeta)}{\zeta-z_0}d\zeta$$

로 **정의**해주면 f가 z_0에서 해석적이 된다.

1 [글 2-D]에 소개한 2장 따름정리 2.4 또는 [글 2-E]에 소개한 2장 정리 4.4의 증명을 보라.

3–B 고립된 특이점과 로랑 급수 사이의 관계

3장 심화문제 3

고립된 특이점은 제거가능하든가, 극이든가, 그도 아니면 본질적 특이점이다. 이 사실과 『STEIN 복소해석학』 3장 심화문제 3에 나오는 로랑 급수 전개 사이의 관계를 알아본다.

함수 f가 $z=0$에서 고립된 특이점을 가진다고 하자. 이는 f가 영역 $D_\rho(0)\setminus\{0\}$에서 정칙이 되는 양수 ρ가 존재함을 뜻한다. $0<r_1<r_2<\rho$일 때, 함수 f가 영역 $A(r_1,r_2)=\{z\in\mathbb{C}: r_1<|z|<r_2\}$의 폐포에서 정칙이므로 [글 2–D]에서 증명한 일반화된 코시 적분 공식에 따라 $r_1<|z|<r_2$에 대하여 다음이 성립한다.

$$f(z)=\frac{1}{2\pi i}\left(\int_{|\zeta|=r_2}\frac{f(\zeta)}{\zeta-z}d\zeta-\int_{|\zeta|=r_1}\frac{f(\zeta)}{\zeta-z}d\zeta\right)$$

첫 번째 적분에서는 $0<|z/\zeta|=|z|/r_2<1$이고 두 번째 적분에서는 $0<|\zeta/z|=r_1/|z|<1$이므로, 다음과 같은 계산이 가능하다.

$$\begin{aligned}
f(z)=&\frac{1}{2\pi i}\left(\int_{|\zeta|=r_2}\frac{f(\zeta)}{\zeta-z}d\zeta+\int_{|\zeta|=r_1}\frac{f(\zeta)}{z-\zeta}d\zeta\right)\\
=&\frac{1}{2\pi i}\left(\int_{|\zeta|=r_2}\frac{1}{\zeta}\frac{f(\zeta)}{1-\frac{z}{\zeta}}d\zeta+\int_{|\zeta|=r_1}\frac{1}{z}\frac{f(\zeta)}{1-\frac{\zeta}{z}}d\zeta\right)\\
=&\frac{1}{2\pi i}\left(\int_{|\zeta|=r_2}\frac{1}{\zeta}\sum_{n=0}^{\infty}\left(\frac{z}{\zeta}\right)^n f(\zeta)d\zeta+\int_{|\zeta|=r_1}\frac{1}{z}\sum_{n=0}^{\infty}\left(\frac{\zeta}{z}\right)^n f(\zeta)d\zeta\right)\\
=&\frac{1}{2\pi i}\left(\sum_{n=0}^{\infty}z^n\int_{|\zeta|=r_2}f(\zeta)\zeta^{-n-1}d\zeta+\sum_{n=0}^{\infty}z^{-(n+1)}\int_{|\zeta|=r_2}f(\zeta)\zeta^{n}d\zeta\right)\\
=&\frac{1}{2\pi i}\left(\sum_{n=0}^{\infty}z^n\int_{|\zeta|=r_2}f(\zeta)\zeta^{-n-1}d\zeta+\sum_{n=1}^{\infty}z^{-n}\int_{|\zeta|=r_1}f(\zeta)\zeta^{n-1}d\zeta\right)
\end{aligned}$$

한편 임의의 정수 n에 대하여 함수 $f(z)z^{-n-1}$이 영역 $A(r_1,r_2)$의 폐포에서 정칙이므로, [글 2–D]의 명제 D.1에 따라 다음을 얻는다.

$$\int_{|\zeta|=r_2} f(\zeta)\zeta^{-n-1}d\zeta - \int_{|\zeta|=r_1} f(\zeta)\zeta^{-n-1}d\zeta = 0$$

이것은 $n \in \mathbb{Z}$, $0 < r < \rho$일 때 적분 $\int_{|\zeta|=r} f(\zeta)\zeta^{-n-1}d\zeta$ 값이 r에 무관함을 뜻한다. 이제 계수 $\cdots$, a_{-2}, a_{-1}, a_0, a_1, a_2, $\cdots$를

$$a_n = \frac{1}{2\pi i}\int_{|\zeta|=r} f(\zeta)\zeta^{-n-1}d\zeta \quad (n \in \mathbb{Z};\ 0 < r < \rho)$$

로 정의하면

$$f(z) = \sum_{n=0}^{\infty} z^n a_n + \sum_{n=1}^{\infty} z^{-n} a_{-n} = \sum_{n\in\mathbb{Z}} a_n z^n \quad (0 < |z| < \rho)$$

이다. 이때 세 가지 경우를 생각할 수 있다. 첫 번째로 모든 음의 정수 n에 대해서 $a_n = 0$인 경우, 두 번째로 어떤 음의 정수 n에 대해서 $a_n \neq 0$이지만 그러한 n이 유한개만 있는 경우, 세 번째로 무수히 많은 음의 정수 n에 대해서 $a_n \neq 0$인 경우가 있다. 이러한 세 조건은 각각 원점이 f의 제거가능한 특이점, 극, 그리고 본질적 특이점인 경우에 해당한다.

일반적으로 f가 중심을 제거한 원판 $D_\rho(a) \setminus \{a\}$에서 해석적일 때, $0 < r < \rho$, $n \in \mathbb{Z}$에 대해서

$$a_n = \frac{1}{2\pi i}\int_{|z-a|=r} f(z)(z-a)^{-n-1}dz$$

로 두면 우변은 r에 무관하고 다음이 성립한다.

$$f(z) = \sum_{n\in\mathbb{Z}} a_n(z-a)^n \quad (0 < |z-a| < \rho)$$

이때 f가 $D_\rho(a) \setminus \{a\}$에서 유계이면 $a_{-1} = a_{-2} = \cdots = 0$을 쉽게 확인할 수 있는데, 이로부터 제거가능 특이점에 대한 리만 정리(『STEIN 복소해석학』 3장 정리 3.1 참고)를 바로 얻는다.

3-C 루셰 정리 풀어읽기

3장 4절

『STEIN 복소해석학』 3장 정리 4.3을 루셰 정리(Rouché's theorem)라고 한다. 루셰 정리의 증명에서

$$n_t = \frac{1}{2\pi i}\int_C \frac{f_t'(z)}{f_t(z)}dz$$

를 $0 \le t \le 1$에 대해서 정의된 t의 함수로 보면 연속이라는 설명이 다소 불친절하다. 조금 더 직관적인 설명을 소개한다.

콤팩트 집합에서 실숫값을 가지는 연속함수에 대한 최대·최소 정리와 모든 $z \in C$에 대해서 $|f(z)| > |g(z)|$라는 가정으로부터 $\min_{z\in C}(|f(z)| - |g(z)|) = m > 0$이다. 또한 $0 \le t \le 1$에 대해서

$$|f_t(z)| = |f(z) + tg(z)| \ge |f(z)| - t|g(z)| \ge |f(z)| - |g(z)| \ge m$$

이다. 이제 $\max_{z\in C}|f(z)g'(z) - f'(z)g(z)| = M$으로 두면, $z \in C$, $0 \le t, s \le 1$에 대해서

$$\begin{aligned}\left|\frac{f_t'(z)}{f_t(z)} - \frac{f_s'(z)}{f_s(z)}\right| &= \left|\frac{f_t'(z)f_s(z) - f_t(z)f_s'(z)}{f_t(z)f_s(z)}\right| \\ &= \left|\frac{(t-s)\left(f(z)g'(z) - f'(z)g(z)\right)}{f_t(z)f_s(z)}\right| \\ &\le \frac{M}{m^2}|t-s|\end{aligned}$$

이다. 그러므로 원 C의 반지름 길이를 R로 나타내면 $0 \le t, s \le 1$일 때

$$|n_t - n_s| \le \frac{RM}{m^2}|t-s|$$

가 성립하여 함수 $[0,1] \ni t \mapsto n_t \in \mathbb{Z}$가 연속임을 바로 안다.

3-D 연속변형, 주어진 영역이 단순연결일 조건 풀어읽기

3장 4절

영역 Ω에 놓여 있는 두 곡선 γ_0와 γ_1이 Ω 안에서 연속변형동치(homotopic)라는 것은 두 곡선이 출발점 α와 도착점 β를 공유하며, 이에 더하여 출발점과 도착점을 유지한 채로 γ_0를 연속적으로 변형하여 γ_1으로 만들 수 있음을 뜻한다. 구체적인 정의를 소개하기에 앞서 자명한 사실을 하나 확인하자. $-\infty < a < b < \infty$이고 $\gamma : [a, b] \to \Omega$가 곡선일 때, $0 \le t \le 1$에 대해서 $\tilde{\gamma} = \gamma(a + (b-a)t)$로 매개화된 곡선 $\tilde{\gamma} : [0, 1] \to \Omega$는 $\gamma : [a, b] \to \Omega$를 같은 방향으로 재매개화한 것이며, 또한 γ가 (조각마다) 매끄러우면 $\tilde{\gamma}$도 그러하고 그 역도 성립한다. 요컨대 모든 곡선은 방향과 매끄러운 정도를 유지한 채로 $0 \le t \le 1$에 대하여 매개화된 곡선으로 재매개화할 수 있다. 이런 까닭으로 연속변형동치를 정의하는 데 있어서 출발점과 도착점을 공유하는 두 곡선 γ_0와 γ_1이 모두 $0 \le t \le 1$에 대해서 매개화되었다고 가정한다.

정의 영역 Ω에 놓여 있는 두 곡선 γ_0, $\gamma_1 : [0, 1] \to \Omega$가 Ω 안에서 **연속변형동치(homotopic)**라는 것은 우선 $\gamma_0(0) = \gamma_1(0) = \alpha$, $\gamma_0(1) = \gamma_1(1) = \beta$이고, 이에 더하여 다음 조건을 만족시키는 연속함수 $H : [0, 1] \times [0, 1] \to \Omega$가 존재함을 뜻한다.

(1) $\forall s \in [0, 1]$ $H(s, 0) = \alpha$이고 $H(s, 1) = \beta$

(2) $\forall t \in [0, 1]$ $H(0, t) = \gamma_0(t)$이고 $H(1, t) = \gamma_1(t)$

γ_0를 γ_1으로 변형시키는 함수 H를 γ_0와 γ_1 사이의 **연속변형(homotopy)** 또는 **연속변형함수** 등으로 부른다. 각 $s \in [0, 1]$에 대하여 중간 단계의 곡선 $[0, 1] \ni t \mapsto H(s, t) \in \Omega$를 $\gamma_s : [0, 1] \to \Omega$로도 표기한다. 즉 $H(s, t) = \gamma_s(t)$이다.

3장 정리 5.1의 증명 풀어읽기

『STEIN 복소해석학』 3장 정리 5.1의 내용은 영역 Ω에 놓여 있는 조각마다 매끄러운 곡선 γ_0와 γ_1이 Ω 안에서 연속변형동치이고 f가 Ω에서 해석적이면

$$\int_{\gamma_0} f(z)dz = \int_{\gamma_1} f(z)dz$$

가 성립한다는 것이다. 『STEIN 복소해석학』에 주어진 증명은 '각 $s \in [0,1]$에 대하여 중간 단계의 곡선 γ_s가 조각마다 매끄럽다.'라는 가정을 하고 있다. 사실 거의 모든 사례가 이 조건을 만족시키며, 또한 이 조건을 만족시키지 않는 반례를 구체적으로 건설하는 것이 오히려 더 어렵다. 이것은 거의 모든 실수가 무리수임에도 불구하고 (수학에서조차) 우리가 일상적으로 만나는 실수는 대부분 유리수이고, 또한 무리수를 구체적으로 제시하는 일이 유리수를 제시하기보다 더 어려운 것과 비슷하다. 한편 '각 $s \in [0,1]$에 대하여 중간 단계의 곡선 γ_s가 조각마다 매끄럽다.'는 가정 없이 정리 5.1을 증명할 수 있는데, 증명에 등장하는 대상의 개수가 더 적다는 점에서 『STEIN 복소해석학』에 주어진 증명보다 단순하다. 지금부터 그 증명을 알아본다.

닫힌 정사각형 $[0,1]\times[0,1]$이 콤팩트 집합이므로, 연속변형 $H : [0,1]\times[0,1] \to \Omega$는 균등 연속함수이고 그의 상 $H([0,1]\times[0,1])$은 Ω의 콤팩트 부분집합이다. 먼저 콤팩트 집합의 성질에 관한 보조정리를 하나 도입한다. 비어있지 않은 유계집합 $E \subset \mathbb{C}$의 지름을 $\operatorname{diam} E$로 나타내자. 즉 $\operatorname{diam} E = \sup\{|z-w| : z, w \in E\}$이다.

> **도움정리 D.1** 열린 집합들의 모임 $\mathcal{U}$가 콤팩트 집합 K의 열린 덮개이면, 다음 조건을 만족시키는 양수 l이 존재한다.
>
> $E \subset K$의 지름이 l보다 작으면, $\mathcal{U}$의 구성원 가운데 E를 포함하는 것이 있다.

증명

결론을 부정하면 각 $n = 1,\ 2,\ \cdots$에 대하여 지름이 $1/n$보다 작으며 $\mathcal{U}$의 어떤 구성원에도 포함되지 않는 $E_n \subset K$가 존재한다. 각 $n = 1,\ 2,\ \cdots$에 대하여 E_n의

원소를 하나씩 선택하여 그것을 z_n이라 하자. K가 콤팩트 집합이므로 수열 $\langle z_n \rangle$의 부분수열 가운데 수렴하는 것이 있는데 그것의 극한을 a로 나타내면 $a \in K$이다. $\mathcal{U}$가 K의 열린 덮개이므로, $\mathcal{U}$의 구성원 가운데 a를 원소로 가지는 것이 있다. 그것을 U로 나타내자. a가 열린집합 U의 원소이므로 어떤 양수 r이 존재하여 $D_r(a) \subset U$인데, a가 $\langle z_n \rangle$의 부분수열극한이므로 $2/r$보다 큰 자연수 N이 존재하여 부등식 $|z_N - a| < r/2$이 성립한다. 이제 각 $z \in E_N$에 대하여 다음이 성립한다.

$$|z - a| \le |z - z_N| + |z_N - a| \le \text{diam}\, E_N + \frac{r}{2} < \frac{1}{N} + \frac{r}{2} < r$$

즉 $E_N \subset D_r(a)$이고, 따라서 $E_N \subset U$를 얻는데, 이것은 E_N이 $\mathcal{U}$의 어떤 구성원에도 포함되지 않는다는 사실에 모순이다. 그러므로 정리의 조건을 만족시키는 양수 l이 존재한다. ■

도움정리 D.1의 조건을 만족시키는 양수 l을 열린덮개 $\mathcal{U}$의 **르베그 수(Lebesgue number)**라고 부른다. 그러므로 도움정리 D.1을 '콤팩트 집합의 열린 덮개는 언제나 르베그 수를 가진다.'라고 기술할 수 있다. 3장 정리 5.1의 증명과정에서 $[a, b]$는 $0 \le t \le 1$에 대해서 $z = a + (b - a)t$로 매개화된 유향 선분을 나타낸다.

『STEIN 복소해석학』 3장 정리 5.1

함수 f가 영역 Ω에서 해석적이고 조각마다 매끄러운 두 곡선 γ_0, γ_1이 Ω 안에서 연속변형동치이면 다음이 성립한다.

$$\int_{\gamma_0} f(z)dz = \int_{\gamma_1} f(z)dz$$

증명

가정에 따라, 다음 조건을 만족시키는 연속함수 $H : [0, 1] \times [0, 1] \to \Omega$가 존재한다.

(1) $\forall s \in [0, 1]$ $H(s, 0) = \alpha$이고 $H(s, 1) = \beta$

(2) $\forall t \in [0, 1]$ $H(0, t) = \gamma_0(t)$이고 $H(1, t) = \gamma_1(t)$

연속함수 H에 의한 콤팩트 집합 $[0, 1] \times [0, 1]$의 상은 Ω의 콤팩트 부분집합이고,

Ω에 포함되는 열린 원판들의 모임은 자명하게 이 콤팩트 집합의 열린 덮개이다. 또한 H는 $[0,1]\times[0,1]$에서 균등 연속이다. 도움정리 D.1에 의해서, 다음 조건을 만족시키는 양수 δ가 존재한다. $E\subset[0,1]\times[0,1]$의 지름이 δ보다 작으면 $H(E)$를 포함하는 열린 원판 가운데 Ω에 포함되는 것이 있다.

우선 $\sqrt{2}/\delta$보다 큰 자연수 N을 하나 선택하고 $j,\ k=1,\ 2,\ \cdots,\ N$에 대해서

$$R(j,k)=\left[\frac{j-1}{N},\frac{j}{N}\right]\times\left[\frac{k-1}{N},\frac{k}{N}\right]$$

로 두면 diam $R(j,k)=\sqrt{2}/N<\delta$이다. 따라서 각 (j,k)에 대하여 $H(R(j,k))\subset D\subset\Omega$를 만족시키는 열린 원판 D가 존재한다. 이제 $j,\ k=0,\ 1,\ \cdots,\ N$에 대해서

$$\alpha_k^j=H\left(\frac{j}{N},\frac{k}{N}\right)$$

로 두고, $j=0,\ 1,\ \cdots,\ N$에 대해서

$$S(j)=\sum_{k=1}^{N}\int_{\left[\alpha_{k-1}^j,\alpha_k^j\right]}f(z)dz$$

로 두자. $\int_{\gamma_0}f(z)dz=S(0)$, $\int_{\gamma_1}f(z)dz=S(N)$ 및 $S(0)=S(N)$을 보임으로써 정리를 증명할 것이다.

먼저 $\int_{\gamma_0}f(z)dz=S(0)$를 보이기 위해서 곡선 $\gamma_{0,1}$, $\gamma_{0,1}$, $\cdots$, $\gamma_{0,N}$을 다음과 같이 정의하자. $\gamma_{0,k}(t)=\gamma_0(t)$, $(k-1)/N\le t\le k/N$. 즉, $\gamma_{0,k}$는 곡선 $\gamma_0:[0,1]\to\Omega$를 $[0,1]$의 부분구간 $[(k-1)/N,k/N]$에 제한한 것이다. 자명하게 각각의 $\gamma_{0,k}$는 조각마다 매끄러운 곡선이고 $\int_{\gamma_0}f(z)dz=\sum_{k=1}^N\int_{\gamma_{0,k}}f(z)dz$가 성립한다. 그러므로 모든 k에 대해서 $\int_{\gamma_{0,k}}f(z)dz=\int_{\left[\alpha_{k-1}^0,\alpha_k^0\right]}f(z)dz$를 보이는 것이 남았는데, 이것은 각각의 k에 대하여 $H(R(0,k))$를 포함하는 열린 원판 $D\subset\Omega$가 존재하고 곡선 $\gamma_{0,k}$와 유향선분 $\left[\alpha_{k-1}^0,\alpha_k^0\right]$가 출발점과 도착점을 공유하며 또한 D에 포함되기 때문에 원판에 대한 코시 정리의 결과이다. $(k-1)/N\le t\le k/N$일 때, $\gamma_{0,k}(t)=\gamma_0(t)=H(0,t)$임을 상기하라. 등식 $\int_{\gamma_1}f(z)dz=S(N)$도 같은 방법으로 증명한다.

끝으로 $S(0) = S(N)$을 보이는 것이 남았다. 먼저 모든 j에 대해서 $\alpha_0^j = H(j/N, 0) = \alpha$, $\alpha_N^j = H(j/N, 1) = \beta$이기 때문에

$$\int_{[\alpha_0^j, \alpha_0^{j+1}]} f(z)dz = \int_{[\alpha,\alpha]} f(z)dz = 0 = \int_{[\beta,\beta]} f(z)dz = \int_{[\alpha_N^j, \alpha_N^{j+1}]} f(z)dz$$

가 $j = 0,\ 1,\ \cdots,\ N-1$에 대해서 성립한다. 또한 같은 범위의 j에 대하여

$$\int_{[\alpha_k^{j+1}, \alpha_k^j]} f(z)dz + \int_{[\alpha_k^j, \alpha_k^{j+1}]} f(z)dz = 0 \qquad (1 \le k \le N-1)$$

이다.

이제 각각의 $j = 0,\ 1,\ \cdots,\ N-1$에 대해서 $S(j) = S(j+1)$이 성립함을 보임으로써 증명을 마무리한다. 이를 위하여 $0 \le j \le N-1$을 가정하면, 각각의 $k = 1,\ 2,\ \cdots,\ N$에 대해서

$$\alpha_{k-1}^j,\ \alpha_k^j,\ \alpha_{k-1}^{j+1},\ \alpha_k^{j+1} \in H\left(R(j+1, k)\right)$$

인데, $H(R(j+1, k))$를 포함하고 Ω에 포함되는 열린 원판이 있으므로 코시 정리를 적용하여 다음을 얻는다.

$$\begin{aligned} &\int_{[\alpha_{k-1}^j, \alpha_k^j]} f(z)dz \\ &= \int_{[\alpha_{k-1}^j, \alpha_{k-1}^{j+1}]} f(z)dz + \int_{[\alpha_{k-1}^{j+1}, \alpha_k^{j+1}]} f(z)dz + \int_{[\alpha_k^{j+1}, \alpha_k^j]} f(z)dz \end{aligned}$$

이 식의 양변을 $k = 1$부터 $k = N$까지 더하면 원하는 등식 $S(j) = S(j+1)$을 얻는데, 그 까닭은 앞서 알아보았듯이 $\int_{[\alpha_0^j, \alpha_0^{j+1}]} f(z)dz = \int_{[\alpha_N^j, \alpha_N^{j+1}]} f(z)dz = 0$이고 또한 $k = 1,\ 2,\ \cdots,\ N-1$에 대하여 $\int_{[\alpha_k^{j+1}, \alpha_k^j]} f(z)dz + \int_{[\alpha_k^j, \alpha_k^{j+1}]} f(z)dz = 0$이기 때문이다. ■

단순연결 영역일 조건들

영역 Ω가 **단순연결 영역(simply connected region)**이라는 것은 Ω에 놓여 있으면서 출발점과 도착점을 공유하는 두 곡선이 언제나 연속변형동치임을 뜻한다. 즉 다음 명제가 성립함을 뜻한다.

> **명제 (가)** 두 곡선 γ_0, γ_1 : $[0,1] \to \Omega$가 $\gamma_0(0) = \gamma_1(0) = \alpha$, $\gamma_0(1) = \gamma_1(1) = \beta$를 만족시키면 다음과 같은 연속함수 $H : [0,1] \times [0,1] \to \Omega$가 존재한다.
>
> (1) $\forall s \in [0,1]\ H(s,0) = \alpha$이고 $H(s,1) = \beta$
>
> (2) $\forall t \in [0,1]\ H(0,t) = \gamma_0(t)$이고 $H(1,t) = \gamma_1(t)$

모든 $t \in [0,1]$에 대하여 $\gamma(t) = \alpha$일 때, 곡선 γ를 점 α에서 **상수곡선(constant curve)**이라고 부르자. Ω에 놓여 있으면서 출발점과 도착점이 모두 $\alpha \in \Omega$인 폐곡선은 점 α에서 상수곡선과 출발점과 도착점을 공유하므로 명제 (가)는 다음 명제를 함의한다.

> **명제 (나)** 곡선 $\gamma : [0,1] \to \Omega$가 $\gamma(0) = \gamma(1) = \alpha$를 만족시키면 다음과 같은 연속함수 $H : [0,1] \times [0,1] \to \Omega$가 존재한다.
>
> (1) $\forall s \in [0,1]\ H(s,0) = H(s,1) = \alpha$
>
> (2) $\forall t \in [0,1]\ H(0,t) = \gamma(t)$이고 $H(1,t) = \alpha$

명제 (나)는 다음 명제를 함의한다.

> **명제 (다)** 곡선 $\gamma : [0,1] \to \Omega$가 $\gamma(0) = \gamma(1)$을 만족시키면 $c \in \Omega$와 다음과 같은 연속함수 $H : [0,1] \times [0,1] \to \Omega$가 존재한다.
>
> (1) $\forall s \in [0,1]\ H(s,0) = H(s,1)$
>
> (2) $\forall t \in [0,1]\ H(0,t) = \gamma(t)$이고 $H(1,t) = c$

영역 Ω가 주어졌을 때, 명제 (나)를 보이기 위해서는 폐곡선만 고려해도 되기 때문에 명제 (나)를 보이는 것이 명제 (가)를 보이는 것보다 더 쉽고, 명제 (다)를 보이기 위해서는 명제 (나)에서보다 더 약한 조건을 만족시키는 연속함수 $H : [0,1] \times [0,1] \to \Omega$를 건설하면 되기 때문에 명제 (다)를 보이는 것이 명제 (나)를 보이는 것보다 더 쉽다. 이를테면 별모양 영역은 언제나 명제 (다)를 만족시킨다. 다시 말해 Ω가 별모양 영역, $\gamma : [0,1] \to \Omega$가 폐곡선, $c \in \Omega$가 Ω의 기준점일 때, 즉 모든 $z \in \Omega$에 대해서 포함관계 $[z,c] \subset \Omega$가 성립할 때,

$$H(s,t) = \gamma(t) + s(c - \gamma(t))$$

로 정의된 함수 $H : [0,1] \times [0,1] \to \Omega$가 연속이고 명제 (다)의 조건을 만족시키는 것을 바로 안다. 그러나 H는 $\gamma(0) = \gamma(1) = c$인 경우에만 명제 (나)의 조건을 만족시킨다.

이상과 같이, 겉보기에는 명제 (가), 명제 (나), 명제 (다)의 순서로 약한 명제이지만, 사실은 이 세 조건이 모두 동치이다. 지금부터 증명을 알아본다.

명제 (나) $\Longrightarrow$ 명제 (가)의 증명

두 곡선 γ_0, $\gamma_1 : [0,1] \to \Omega$가 $\gamma_0(0) = \gamma_1(0) = \alpha$, $\gamma_0(1) = \gamma_1(1) = \beta$를 만족시킨다고 하자. 다음과 같이 주어진 γ는 출발점과 도착점이 모두 α인 폐곡선이며 Ω에 놓여 있다.

$$\gamma(t) = \begin{cases} \gamma_0(2t) & (0 \le t \le 1/2) \\ \gamma_1(2-2t) & (1/2 \le t \le 1) \end{cases}$$

명제 (나)로부터 다음과 같은 연속함수 $H_0 : [0,1] \times [0,1] \to \Omega$가 존재한다.

(1) $\forall s \in [0,1]$ $H_0(s,0) = H_0(s,1) = \alpha$

(2) $\forall t \in [0,1]$ $H_0(0,t) = \gamma(t)$이고 $H_0(1,t) = \alpha$

이제 $H : [0,1] \times [0,1] \to \Omega$를

$$H(s,t) = \begin{cases} H_0\big(3s(1-t), \frac{t}{2}\big) & (0 \le s \le 1/3) \\ H_0\big(1-t, \frac{t}{2} + (3s-1)(1-t)\big) & (1/3 \le s \le 2/3) \\ H_0\big(3(1-s)(1-t), 1 - \frac{t}{2}\big) & (2/3 \le s \le 1) \end{cases}$$

로 정의해주면 H가 Ω 안에서 γ_0, γ_1 사이의 연속변형임을 바로 확인할 수 있다 ■

앞선 증명에서 각 $s \in [0,1]$에 대하여 $\gamma_s(t) = H(s,t)$로 주어진 중간 단계의 곡선 γ_s는 $0 \le s \le 1/3$의 범위에서는 점 $(3s, 0)$에서 출발하여 점 $(0, 1/2)$에 이르는

유향선분

$$[0,1] \ni t \mapsto (3s,0) + t((0,\tfrac{1}{2}) - (3s,0)) \in [0,1] \times [0,1]$$

과 연속변형 H_0의 합성이고, $1/3 \le s \le 2/3$의 범위에서는 점 $(1, 3s-1)$에서 출발하여 점 $(0, 1/2)$에 이르는 유향선분과 H_0의 합성이고, $2/3 \le s \le 1$의 범위에서는 점 $(3(1-s), 1)$에서 출발하여 점 $(0, 1/2)$에 이르는 유향선분과 H_0의 합성이다.

명제 (다) $\Longrightarrow$ 명제 (나)의 증명

γ가 Ω에 놓여 있는 폐곡선이고 명제 (다)를 가정하면, $c \in \Omega$와 다음과 같은 연속함수 $H_0 : [0,1] \times [0,1] \to \Omega$가 존재한다.

(1) $\forall s \in [0,1]\ H_0(s,0) = H_0(s,1)$
(2) $\forall t \in [0,1]\ H_0(0,t) = \gamma(t)$이고 $H_0(1,t) = c$

닫힌 단위원판 $|z| \le 1$을 Δ로 표기하고 함수 $\phi : \Delta \to \Omega$를 $0 < r \le 1$, $0 \le \theta < 2\pi$에 대해서는

$$\phi\left(re^{i\theta}\right) = H_0\left(1 - r, \frac{\theta}{2\pi}\right)$$

로 정의하고 $\phi(0) = c$로 정의하자. 우선 ϕ가 집합 $\Delta \setminus [0,1]$에서 연속이라는 것이 자명하다. 또한 H_0가 조건 (1)을 만족시키기 때문에 ϕ는 집합 $(0,1]$의 각 점에서 연속이고, 모든 $t \in [0,1]$에 대해서 $H_0(1,t) = c$이며 H_0가 $[0,1] \times [0,1]$에서 균등연속이기 때문에 원점 $z = 0$에서도 연속이다. 요컨대 $\phi : \Delta \to \Omega$는 연속함수인데, $\phi(1) = H_0(0,0) = \gamma(0)$이다.

이제 함수 $H : [0,1] \times [0,1] \to \Omega$를 다음과 같이 정의하자.

$$H(s,t) = \phi\left(s + (1-s)e^{2\pi i t}\right)$$

이 함수가 $[0,1] \times [0,1]$에서 연속인 것이 자명한데, $\gamma(0) = \gamma(1) = \alpha$로 두면

$$H(s,0) = H(s,1) = \phi(1) = \gamma(0) = \alpha \quad (0 \le s \le 1),$$

$$H(0,t) = \phi\left(e^{2\pi it}\right) = H_0(0,t) = \gamma(t) \quad (0 \le t \le 1),$$

$$H(1,t) = \phi(1) = \alpha \quad (0 \le t \le 1)$$

이 성립하여 H가 명제 (나)의 조건 (1), (2)를 만족시킨다. ■

보기 『STEIN 복소해석학』 8장 연습문제 19는 $A_1 < A_2 < \cdots < A_N$일 때 영역

$$\Omega = \mathbb{C} \setminus \bigcup_{k=1}^{N} \{A_k + iy : y \le 0\}$$

이 단순연결 영역임을 보이라는 것이다.

우선 Ω가 열린 집합이라는 것은 자명하다. 또한 Ω의 모든 점은 허축에 평행한 선분으로 상반평면에 있는 Ω의 점과 이어지고, Ω의 두 점이 상반평면에 놓여 있으면 그 두 점을 잇는 선분도 Ω에 놓여 있기 때문에 Ω는 경로연결된 집합이다. 따라서 Ω는 영역이다. 이제 $\gamma : [0,1] \to \Omega$가 폐곡선이라고 하자. 부등식 $M > \max_{0\le t\le 1} |\gamma(t)|$를 만족시키는 상수 M을 하나 선택한 다음, $H : [0,1] \times [0,1] \to \Omega$를

$$H(s,t) = \begin{cases} \gamma(t) + 2iMs & (0 \le s \le 1/2) \\ \gamma(t) + iM + (2s-1)(i - \gamma(t) - iM) & (1/2 \le s \le 1) \end{cases}$$

로 정의하면 H가 명제 (다)의 조건을 만족시킴을 쉽게 확인할 수 있다.

표기법에 관련된 사항

이 글에서 끝으로 언급할 내용은 f가 단순연결 영역 Ω에서 해석적이고 $a, b \in \Omega$일 때 $\int_a^b f(z)dz$라는 표현을 사용할 수 있다는 것이다. 그 까닭은 Ω가 영역이고 $a,\ b \in \Omega$이면 $\gamma(0) = a,\ \gamma(1) = b$를 만족시키는 조각마다 매끄러운 곡선 $\gamma : [0,1] \to \Omega$가 존재하는데, 이에 더하여 Ω가 단순연결 영역이면 3장 정리 5.1에 의하여 적분 $\int_\gamma f(z)dz$ 값이 ($\gamma(0) = a,\ \gamma(1) = b$가 성립하는 한) γ의 선택에 무관하기 때문이다. 이를테면 Ω가 단순연결 영역이고 f가 Ω에서 해석적일 때, Ω의 한 점 a를 선택하고 함수 $F : \Omega \to \mathbb{C}$를

$$F(z) = \int_a^z f(\zeta)d\zeta \quad (z \in \Omega)$$

로 정의하면 F는 Ω에서 f의 원시함수가 된다. 증명은 [글 2–AA]에 주어진 것과 거의 같다.

3–E 감는 수와 편각 원리

3장 4절

이 글에서는 폐곡선의 한 점에 대한 감는수(winding number) 또는 같은 말로 회전수라는 개념을 설명하고, 감는수와 편각 원리(argument principle)[2] 사이의 관계를 알아본다.

실변수 함수(또는 곡선) h가 **일급(continuously differentiable)**이라는 것은 h가 정의역의 각 점에서 미분가능하고 도함수가 연속임을 뜻한다. 그러므로 곡선 $\gamma : [a, b] \to \mathbb{C}$가 매끄럽다는 것은 γ가 일급이고, 이에 더하여 모든 t에 대하여 $\gamma'(t) \neq 0$을 뜻한다. 일급이지만 매끄럽지 않은 곡선을 쉽게 건설할 수 있다. 곡선 $\gamma : [a, b] \to \mathbb{C}$가 일급이면 (매끄럽지 않더라도) 임의의 연속함수 $f : \gamma([a, b]) \to \mathbb{C}$에 대하여 적분 $\int_a^b f(\gamma(t))\gamma'(t)dt$가 존재한다. 이 적분도 γ를 따른 f의 **선적분**이라고 부르며, $\int_\gamma f(z)dz$로 표기한다.

정의역의 각 점에서 k번 미분가능하고 k차 도함수가 연속인 함수를 **k급 함수**라고 부르며, 다변수 함수가 k급이라는 것은 모든 k차 편도함수가 존재하고 연속임을 뜻한다. 임의의 k에 대하여 k급인 함수를 **무한급 함수**라고 부른다. 우리가 흔히 접하는 거의 모든 함수가 정의역에서 무한급이다. 연쇄법칙에 따라, 무한급 함수와 k급 함수의 합성은 k급이다. 자연스럽게 $k = 1, 2, \cdots, \infty$에 대하여 조각마다 k급인 곡선 또는 연속함수를 생각할 수 있는데, 그것을 정의하는 방법은 조각마다 매끄러운 곡선의 경우와 같다.

2 『STEIN 복소해석학』 3장 정리 4.1을 가리킨다.

편각함수와 폐곡선의 감는수

우선 복소평면에서 원점을 지나지 않는 곡선의 편각함수를 도입한다.

정리 E.1 곡선 $\gamma : [a,b] \to \mathbb{C} \setminus \{0\}$이 주어졌을 때, $t \in [a,b]$에 대하여 $|\gamma(t)| = r(t)$로 두면 다음과 같은 연속함수 $\theta : [a,b] \to \mathbb{R}$가 존재한다.

$$a \leq t \leq b \text{에 대하여 } \gamma(t) = r(t)e^{i\theta(t)} \text{이다.}$$

이때 γ가 조각마다 k급이면 r과 θ도 조각마다 k급이다.

증명

$x,\ y \in \mathbb{R}$이고 $z = x + iy$일 때, $x > 0,\ y > 0,\ x < 0,\ y < 0$에 해당하는 반평면을 각각 $U_1,\ U_2,\ U_3,\ U_4$로 나타내고 각 $\alpha = 1,\ 2,\ 3,\ 4$에 대하여 함수 $\arg_\alpha : U_\alpha \to \mathbb{R}$을 다음과 같이 정의하자.

$$\begin{aligned}
\arg_1 z &= \tan^{-1}\frac{y}{x}, \\
\arg_2 z &= \frac{\pi}{2} - \tan^{-1}\frac{x}{y}, \\
\arg_3 z &= \pi + \tan^{-1}\frac{y}{x}, \\
\arg_4 z &= \frac{3\pi}{2} - \tan^{-1}\frac{x}{y}
\end{aligned}$$

이 정의로부터 각각의 $z \in U_\alpha$에 대하여 $z = |z|e^{i\arg_\alpha z}$이며, 이에 따라 $z \in U_\alpha \cap U_\beta$이면 $\arg_\alpha z - \arg_\beta z$가 2π의 정수배이다.

이제 $\{U_1, U_2, U_3, U_4\}$가 콤팩트 집합 $\gamma([a,b]) \subset \mathbb{C} \setminus \{0\}$의 열린 덮개이고 γ가 $[a,b]$에서 균등 연속이므로 [글 3–D]의 도움정리 D.1에 의하여 다음과 같은 양수 δ가 존재한다. $E \subset [a,b]$의 지름이 δ보다 작으면 $U_1,\ U_2,\ U_3,\ U_4$ 가운데 $\gamma(E)$를 포함하는 것이 있다.

$(b-a)/\delta$보다 큰 자연수 N을 하나 선택하고 $k = 0,\ 1,\ \cdots,\ N$에 대하여 $k(b-a)/N = t_k$로 두고 $k = 1,\ 2,\ \cdots,\ N$에 대하여 $[t_{k-1}, t_k] = I_k$로 두면, 각 $k = 1$,

2, $\cdots$, N에 대하여 포함관계 $\gamma(I_k) \subset U_{\alpha(k)}$가 성립토록 하는 $\alpha(k) \in \{1,2,3,4\}$가 있다. 각각의 $k = 1,\ 2,\ \cdots,\ N-1$에 대하여 $t_k \in I_k \cap I_{k+1}$이므로 $\gamma(t_k) \in U_{\alpha(k)} \cap U_{\alpha(k+1)}$이다. 따라서

$$\arg_{\alpha(k)}(\gamma(t_k)) - \arg_{\alpha(k+1)}(\gamma(t_k)) = 2m_k\pi$$

를 만족시키는 정수 m_k가 존재한다. $m_0 = 0$으로 두고 $\theta : [a,b] \to \mathbb{R}$을

$$\theta(t) = 2\pi\left(\sum_{j=0}^{k-1} m_j\right) + \arg_{\alpha(k)}(\gamma(t)) \quad (t \in I_k;\ k = 1,\ 2,\ \cdots,\ N)$$

으로 정의하면, θ가 잘 정의된 연속함수이고 모든 $t \in [a,b]$에 대하여 $\gamma(t) = r(t)e^{i\theta(t)}$이 성립함을 바로 안다.

끝으로 $\sqrt{x^2+y^2}$이 $\mathbb{R}^2 \setminus \{(0,0)\}$에서 무한급이고 $\tan^{-1}(x/y)$와 $\tan^{-1}(y/x)$도 각자의 정의역에서 무한급이기 때문에, γ가 k급이면 r과 θ도 k급이다. ■

정리 E.1의 증명에서 건설한 연속함수 θ를 곡선 γ의 **편각함수**라고 부르자. 이 경우, 각각의 정수 k에 대하여 $\theta + 2k\pi$도 γ의 편각함수이다. 또한, θ와 $\tilde{\theta}$가 γ의 편각함수이면 $\theta - \tilde{\theta}$가 집합 $\{2k\pi : k \in \mathbb{Z}\}$에서 값을 가지는 연속함수이기 때문에 사잇값정리에 따라 $\theta - \tilde{\theta}$는 상수함수이고 그 값은 2π의 정수배이다. 그러므로 곡선의 편각함수는 2π의 정수배를 무시했을 때 유일하게 존재한다. θ가 $\gamma : [a,b] \to \mathbb{C}\setminus\{0\}$의 편각함수일 때, $\theta(b) - \theta(a)$는 매개변수 t가 a에서 b까지 증가함에 따라 점 $\gamma(t)$의 편각이 연속적으로 변화한 총량이며 편각함수 θ의 선택에 무관하다. 이 값을 **$t = a$에서 $t = b$까지 $\arg \gamma(t)$의 총 변화량**이라 부르고, 이를 기호로는 $\Delta_a^b \arg \gamma$로 나타내자. 이때 γ가 폐곡선이면, $\gamma(a) = \gamma(b)$ 따라서 $|\gamma(a)| = |\gamma(b)|$이므로 $e^{i\theta(a)} = e^{i\theta(b)}$을 얻어 편각의 총 변화량 $\Delta_a^b \arg \gamma$가 2π의 정수배이다. 한편 γ가 조각마다 일급이면 $\arg \gamma(t)$의 총 변화량이 적분으로 주어진다.

정리 E.2 곡선 $\gamma : [a, b] \to \mathbb{C} \setminus \{0\}$ 이 조각마다 일급이고, $a \le t \le b$ 에 대하여 $|\gamma(t)| = r(t)$ 로 두면

$$\int_\gamma \frac{1}{z} dz = \ln r(b) - \ln r(a) + i\Delta_a^b \arg \gamma$$

이다.

증명

우선 연속함수 $h : [a, b] \to \mathbb{C}$ 가 조각마다 일급이면, $\int_a^b h'(t)dt = h(b) - h(a)$ 가 성립함을 미분적분학의 기본 정리로부터 바로 안다. 이제 θ 가 조각마다 일급인 곡선 $\gamma : [a, b] \to \mathbb{C} \setminus \{0\}$ 의 편각함수이고 $r(t) = |\gamma(t)|$ 이면 r 과 θ 도 조각마다 일급인 연속함수이고, 모든 $t \in [a, b]$ 에 대해서 $\gamma(t) = r(t)e^{i\theta(t)}$ 이 성립한다. 양변에 로그도함수를 취하여

$$\frac{\gamma'(t)}{\gamma(t)} = \frac{r'(t)}{r(t)} + i\theta'(t)$$

를 얻고, a 에서 b 까지 적분하면

$$\int_a^b \frac{\gamma'(t)}{\gamma(t)} dt = \ln r(b) - \ln r(a) + i(\theta(b) - \theta(a))$$

이다. 이로부터 원하는 결과를 얻는다. ■

앞서 살펴보았듯이 γ 가 폐곡선이면 편각의 총 변화량 $\Delta_a^b \arg \gamma$ 가 2π 의 정수배이기 때문에, 다음이 성립한다.

따름정리 폐곡선 $\gamma : [a, b] \to \mathbb{C} \setminus \{0\}$ 이 조각마다 일급이면

$$\frac{1}{2\pi i} \int_\gamma \frac{1}{z} dz = \frac{1}{2\pi} \Delta_a^b \arg \gamma \in \mathbb{Z}$$

이다.

정의 $\gamma : [a,b] \to \mathbb{C} \setminus \{0\}$이 폐곡선일 때, $\frac{1}{2\pi}\Delta_a^b \arg\gamma \in \mathbb{Z}$를 γ의 원점에 대한 **감는수(winding number)** 또는 **회전수**라고 부르며, 이를 기호로는 $W_\gamma(0)$으로 표기한다.

더 일반적으로 $z \in \mathbb{C}$이고 $\gamma : [a,b] \to \mathbb{C} \setminus \{z\}$가 폐곡선일 때 γ를 $-z$만큼 평행이동한 곡선 $\gamma - z$의 원점에 대한 감는수를 γ의 z에 대한 **감는수**라고 부르며, 이를 기호로는 $W_\gamma(z)$로 표기한다. 폐곡선 $\gamma : [a,b] \to \mathbb{C}$가 조각마다 일급이면 다음이 성립한다.

$$W_\gamma(z) = \frac{1}{2\pi i}\int_\gamma \frac{d\zeta}{\zeta - z} \qquad (z \notin \gamma([a,b]))$$

감는수와 편각 원리 사이의 관계

지금부터 편각 원리(argument principle)와 폐곡선의 감는수 사이의 관계를 알아본다. 유계영역 Ω의 경계가 조각마다 일급인 단순폐곡선이고, Ω의 폐포를 포함하는 열린 집합에서 유리형인 함수 f가 Ω의 경계에서 영점과 극을 가지지 않는다고 하자. 또한 f가 Ω에서 가지는 영점과 극의 개수를 중복도 포함하여 센 것이 각각 N과 P라고 하자.

편각 원리(『STEIN 복소해석학』 3장 정리 4.1)의 내용은 'Ω의 경계를 따라 양의 방향으로 f의 로그도함수를 적분한 값이 $2\pi i(N-P)$와 일치한다.'는 것이다. 구간 $[a,b]$에 정의된 조각 일급 단순폐곡선 γ가 Ω의 경계를 양의 방향으로 매개화하면, 3장 정리 4.1의 좌변이

$$\frac{1}{2\pi i}\int_a^b \frac{f'(\gamma(t))\gamma'(t)}{f(\gamma(t))}dt$$

로 주어진다. 이때, 새로운 곡선 $\Gamma = f \circ \gamma$를 생각하자. 이 곡선은 함수 f에 의한 폐곡선 γ의 상인데, $a \le t \le b$에 대하여 $\Gamma(t) = f(\gamma(t))$로 매개화된다. γ가 조각 일급 폐곡선이기 때문에 자명하게 Γ도 조각 일급 폐곡선이고, f가 Ω의 경계에서 극과 영점을 가지지 않기 때문에 Γ는 영역 $\mathbb{C} \setminus \{0\}$에 놓여 있다. 그러므로 $t = a$에서 $t = b$까지 $\arg\Gamma(t)$의 총 변화량이 2π의 정수배이고, Γ의 원점에 대한 감는수

$W_\Gamma(0)$은 총 변화량 $\Delta_a^b \arg \Gamma$를 2π로 나눈 값이다. 정리 E.2의 따름정리를 폐곡선 Γ에 적용하여

$$W_\Gamma(0) = \frac{1}{2\pi i}\int_\Gamma \frac{1}{z}dz = \frac{1}{2\pi i}\int_a^b \frac{\Gamma'(t)}{\Gamma(t)}dt$$

를 얻는데, $\Gamma(t) = f(\gamma(t))$이므로 마지막 표현은

$$\frac{1}{2\pi i}\int_a^b \frac{f'(\gamma(t))\gamma'(t)}{f(\gamma(t))}dt$$

이며, 3장 정리 4.1의 좌변과 같다. 그러므로 정수 $N - P$는 점 z가 $\partial\Omega$를 따라 양의 방향으로 한 바퀴 도는 동안에 점 $f(z)$의 편각이 연속적으로 변화한 총량을 2π로 나눈 값과 같다. 이런 뜻에서 『STEIN 복소해석학』 3장 정리 4.1을 편각 원리라고 부른다.

곡선을 따른 편각의 총 변화량과 연속변형동치 사이의 관계

폐구간 $[0,1]$에서 매개화되고 영역 $\mathbb{C}\setminus\{0\}$에 놓여 있는 두 곡선 γ_0와 γ_1이 출발점과 도착점을 공유할 때, $\Delta_0^1 \arg\gamma_0 = \Delta_0^1 \arg\gamma_1$이면 γ_0와 γ_1이 $\mathbb{C}\setminus\{0\}$ 안에서 연속변형동치이고 그 역도 성립한다. 이 사실의 증명을 알아보자.

먼저 $\Delta_0^1 \arg\gamma_0 = \Delta_0^1 \arg\gamma_1$을 가정하고, θ_0, θ_1이 각각 γ_0, γ_1의 편각함수라고 하자. γ_0와 γ_1이 출발점과 도착점을 공유하며 $\Delta_0^1 \arg\gamma_0 = \Delta_0^1 \arg\gamma_1$을 가정했기 때문에 $\theta_0(0) = \theta_1(0)$ 및 $\theta_0(1) = \theta_1(1)$을 가정해도 되는데, 이 경우

$$H(s,t) = |\gamma_0(t)|^{1-s}|\gamma_1(t)|^s \exp\big[i\left((1-s)\theta_0(t) + s\theta_1(t)\right)\big]$$

로 주어진 함수 $H : [0,1]\times[0,1] \to \mathbb{C}\setminus\{0\}$이 $\mathbb{C}\setminus\{0\}$ 안에서 γ_0와 γ_1 사이의 연속변형동치임을 바로 안다.

일반적인 경우에 역을 증명하는 것은 『STEIN 복소해석학』의 범위를 빗어나는데, 그 까닭은 소위 '대수적 위상수학'의 기법이 필요하기 때문이다. 한편 γ_0와 γ_1이 조각 일급이면 정리 E.2에 따라 $\Delta_0^1 \arg\gamma_0$와 $\Delta_0^1 \arg\gamma_1$은 각각

$$\int_{\gamma_0}\frac{1}{z}dz\text{와 }\int_{\gamma_1}\frac{1}{z}dz$$

의 허수부인데, 이에 더하여 γ_0와 γ_1이 $\mathbb{C}\setminus\{0\}$ 안에서 연속변형동치이면 『STEIN 복소해석학』 3장 정리 5.1의 증명에서와 마찬가지 방법으로 앞선 두 적분값이 일치함을 확인할 수 있다. 따라서 $\Delta_0^1 \arg\gamma_0 = \Delta_0^1 \arg\gamma_1$이다.[3]

이상의 논의로부터 바로 알 수 있는 것 가운데 하나는 '폐곡선 γ가 $\mathbb{C}\setminus\{0\}$에 놓여 있을 때 $W_\gamma(0) = 0$일 필요충분조건이 γ가 $\mathbb{C}\setminus\{0\}$ 안에서 상수곡선과 연속변형동치'라는 것이다.

3 사실, [글 3–D]에 주어진 3장 정리 5.1의 증명을 살펴보면 γ_0와 γ_1이 조각 일급이라는 가정만 해도 3장 정리 5.1이 성립함을 알 수 있다.

4

푸리에 변환

The Fourier Transform

4장은 프라그멘–린델뢰프 정리의 증명을 포함한 몇몇 논의를 보충 설명한다. 또한, 특이적분과 특이적분과 특이적분 또는 특이적분과 무한합의 순서를 바꿀 수 있게 하는 몇몇 조건을 소개한다.

4–A 함수 모임 $\mathfrak{F}$ 풀어읽기

4장 1절

각 $a > 0$에 대하여 $\mathfrak{F}_a$는 다음 두 조건을 만족시키는 모든 함수 f의 모임이다.

(1) 함수 f가 수평띠 $S_a = \{z \in \mathbb{C} : |\operatorname{Im}(z)| < a\}$에서 복소해석적이다.

(2) 양수 A가 존재하여 모든 실수 x와 구간 $(-a, a)$에 속하는 모든 y에 대하여 부등식

$$|f(x+iy)| \leq \frac{A}{1+x^2}$$

가 성립한다.

함수 f가 $\mathfrak{F}$의 구성원이라는 것은 $f \in \mathfrak{F}_a$가 성립토록 하는 양수 a가 존재함을 뜻한다. 즉 $\mathfrak{F} = \bigcup_{a>0} \mathfrak{F}_a$이다. 함수 모임 $\mathfrak{F}$가 상수배와 합에 대하여 닫혀있음(즉, 벡터공간을 이룸)이 자명한데, 모든 실수 x에 대해서 $1/(1+x^2) < 1$이기 때문에 $\mathfrak{F}$는 곱에 대하여도 닫혀있다.

한편 조건 (2)는 다음 조건 (3)을 함의하지만, 역은 일반적으로 성립하지 않는다.

(3) 구간 $(-a, a)$에 속하는 각각의 y에 대해서 다음과 같은 양수 A가 존재한다.

$$\forall x \in \mathbb{R} \quad |f(x+iy)| \leq \frac{A}{1+x^2}$$

즉, (3)은 (2)보다 더 약한 조건이다. 이것을 좀 더 분명히 확인하기 위해서 (2)와 (3)을 논리기호로 나타내면 각각 다음과 같다.

(2) $\exists A > 0 \forall x \in \mathbb{R} \, \forall y \in (-a, a)$

$$|f(x+iy)| \le \frac{A}{1+x^2}$$

(3) $\forall y \in (-a, a) \exists A > 0 \, \forall x \in \mathbb{R}$

$$|f(x+iy)| \le \frac{A}{1+x^2}$$

이때 (2)를 다음과 같이 표현해도 뜻이 같다.

(2) $\exists A > 0 \forall y \in (-a, a) \forall x \in \mathbb{R}$

$$|f(x+iy)| \le \frac{A}{1+x^2}$$

조건 (2)가 성립하기 위해서는 양수 A가 $y \in (-a, a)$에 **무관하게** 존재해야 되는 반면에, 조건 (3)이 성립하기 위해서는 각각의 $y \in (-a, a)$마다 **서로 다른** 양수 A_y가 존재해도 되기 때문에, 이로부터 (2)가 (3)보다 더 강한 조건임을 안다.

『STEIN 복소해석학』 에서는

(i) 모든 $a > 0$에 대하여 $\mathfrak{F}_a$에 속하는 함수 $f(z) = e^{-\pi z^2}$
(ii) $0 < a < c$에 대하여 $\mathfrak{F}_a$에 속하는 함수 $f(z) = \frac{1}{\pi} \cdot \frac{c}{c^2 + z^2}$
(iii) $0 < a < \frac{1}{2}$에 대하여 $\mathfrak{F}_a$에 속하는 함수 $f(z) = \frac{1}{\cosh \pi z}$

을 보기로 들었는데, 증명은 제시하지 않았다. 함수 f가 이들 가운데 하나일 때, 각각의 $y \in (-a, a)$에 대하여 극한

$$\lim_{|x| \to \infty} (1+x^2)|f(x+iy)|$$

가 존재하기 때문에(첫 번째와 세 번째는 0, 두 번째는 c/π), 이들 함수는 자명하게 조건 (3)을 만족시킨다. 이것은 모든 연속함수가 유계 폐구간에서 유계라는 사실의 결과이다. 한편 더 강한 조건인 (2)를 만족시킨다는 것을 보이기 위해서는 논의가 더 필요하다.

먼저 $\alpha \geq 1$이면 모든 실수 x에 대해서 부등식

$$\frac{1}{\alpha} \leq \frac{1+x^2}{\alpha+x^2}, \quad \frac{1+x^2}{1+\alpha x^2} \leq 1$$

이 성립하고 $0 < \alpha < 1$이면 모든 실수 x에 대해서 부등식

$$1 \leq \frac{1+x^2}{\alpha+x^2}, \quad \frac{1+x^2}{1+\alpha x^2} \leq \frac{1}{\alpha}$$

이 성립함을 바로 확인할 수 있다. 또한, 모든 실수 x에 대하여 $1+x \leq e^x$, $1+\frac{1}{2}x^2 \leq \cosh x$가 성립하는 것도 쉽게 안다.

함수 $f(z) = e^{-\pi z^2}$이 모든 $a > 0$에 대하여 $\mathfrak{F}_a$에 속함을 보이기 위해서 $a > 0$, $x \in \mathbb{R}$, $-a < y < a$를 가정하면

$$|f(x+iy)| = \frac{e^{\pi y^2}}{e^{\pi x^2}} \leq \frac{e^{\pi a^2}}{1+\pi x^2} \leq \frac{e^{\pi a^2}}{1+x^2}$$

이 성립하므로 $f \in \mathfrak{F}_a$를 얻는다. 한편, $x, y \in \mathbb{R}$, $|y| < a < c$를 가정하면

$$\begin{aligned}\left|\frac{1+x^2}{c^2+(x+iy)^2}\right| &= \frac{1+x^2}{|c^2-y^2+x^2+2ixy|} \\ &\leq \frac{1+x^2}{c^2-a^2+x^2} \\ &\leq \max\left\{1, \frac{1}{c^2-a^2}\right\}\end{aligned}$$

을 얻어서 함수

$$f(z) = \frac{1}{\pi}\frac{c}{c^2+z^2}$$

가 $\mathfrak{F}_a$에 속함을 안다. 끝으로 $x, y \in \mathbb{R}$, $|y| < a < 1/2$을 가정하면

$$\begin{aligned}\left|\frac{1+x^2}{\cosh \pi(x+iy)}\right| &= \frac{1+x^2}{|\cosh \pi x \cos \pi y + i \sinh \pi x \sin \pi y|} \\ &\leq \frac{1+x^2}{\cos \pi a \, \cosh \pi x} \leq \frac{1}{\cos \pi a} \cdot \frac{1+x^2}{1+\frac{\pi^2}{2}x^2} \\ &\leq \frac{1}{\cos \pi a}\end{aligned}$$

이 성립하므로 함수 $f(z) = 1/\cosh \pi z$가 $\mathfrak{F}_a$에 속한다.

4-B 특이적분의 수렴과 비교판정법

4장 2절

함수 f가 $\mathfrak{F}$의 구성원일 때, f의 **푸리에 변환** $\hat{f}$는 다음과 같은 **특이적분**(improper integral)으로 주어진다.

$$\hat{f}(\xi) = \int_{-\infty}^{\infty} f(x)e^{-2\pi\xi x}dx \quad (\xi \in \mathbb{R})$$

리만 적분의 극한으로 주어지는 특이적분은 극한의 일반적인 성질에 따라 합과 상수배의 적분이 각각 적분의 합과 상수배와 같고 적분의 절댓값이 절댓값의 적분을 넘지 못하는 등 리만 적분과 여러 성질을 공유하는데, 그렇지 않은 것도 있다. 한편 『STEIN 복소해석학』 4장 2절에서는 $\mathfrak{F}$의 구성원에 대하여 푸리에 역변환 공식, 푸아송 합 공식 등을 코시 정리, 코시 적분 공식 등 복소해석학 도구를 이용하여 얻는다. 특이적분에 관한 일반적인 내용 가운데 4장 2절의 논의에 필요한 것을 모아 보았다. 리만 적분에 관한 기본적인 내용은 『STEIN 푸리에 해석학』의 부록 또는 김성기, 김도한, 계승혁의 『해석개론(제2개정판)』(서울대학교출판문화원, 2011) 또는 W. Rudin의 『The Principles of Mathematical Analysis(3th ed)』(McGraw-Hill, 1976) 등에서 찾아볼 수 있다.

보기 리만 적분에 대하여 성립하는 내용이 특이적분에 대하여는 그렇지 않을 수도 있음을 간략히 알아본다. 우선, 유계 폐구간 $[a, b]$에서 리만 적분가능한 함수들로 이루어진 함수열 $\langle f_n \rangle$이 f로 균등 수렴하면, f도 리만 적분가능하고 $n \to \infty$에 따른 $\int_a^b f_n(x)dx$의 극한이 $\int_a^b f(x)dx$라는 사실이 잘 알려져 있다. 그러나 $f_n(x) = n/(n^2 + x^2)$으로 주어진 함수열 $\langle f_n \rangle$은 실직선 전체에서 0으로 균등 수렴하지만 모든 n에 대해서 $\int_{-\infty}^{\infty} f_n(x)dx = \pi$라는 것을 쉽게 확인할 수 있다. 즉, 균등 수렴이 적분값의 수렴을 함의하지 않을 수 있다.

함수 f가 평면의 닫힌 직사각형 $[a,b]\times[c,d]$에서 연속이면, $\phi(x)=\int_c^d f(x,y)dy$로 정의된 함수 ϕ가 구간 $[a,b]$에서 연속이다. [글 4–C]의 명제 C.1을 참조하라. 한편

$$f(x,y)=\frac{|x|}{\pi(1+x^2y^2)}$$

로 정의된 함수 f가 평면 전체에서 연속이지만

$$\phi(x)=\int_{-\infty}^{\infty} f(x,y)dy$$

로 정의된 함수 ϕ는 $x=0$에서 불연속이다. 즉, $\phi(0)=0$이고 모든 $x\neq 0$에 대하여 $\phi(x)=1$이다.

특이적분의 수렴

특이적분 $\int_\alpha^\beta f(x)dx$(단, $-\infty\leq\alpha<\beta\leq\infty$)가 극한 L로 **수렴**한다는 것은 우선 (α,β)에 포함되는 모든 유계 폐구간에서 f가 리만 적분가능하고, 이에 더하여 서로 동치인 아래의 세 명제 가운데 하나가 성립함을 뜻한다.

(1) 수열 $\langle a_n\rangle$과 $\langle b_n\rangle$이 세 조건

$$\alpha<\cdots<a_{n+1}<a_n<\cdots<a_1<b_1<\cdots<b_n<b_{n+1}<\cdots<\beta,$$

$a_n\to\alpha$, $b_n\to\beta$를 만족시키면 다음이 성립한다.

$$\lim_{n\to\infty}\int_{a_n}^{b_n} f(x)dx=L$$

(2) 임의의 $c\in(\alpha,\beta)$에 대하여 다음이 성립한다.

$$\lim_{a\to\alpha+}\int_a^c f(x)dx+\lim_{b\to\beta-}\int_c^b f(x)dx=L$$

(3) 임의로 주어진 양수 ϵ에 대하여 (α,β)에 포함되는 유계 폐구간 $[a_\epsilon,b_\epsilon]$이 존재하여 다음이 성립한다.

$$[a_\epsilon,b_\epsilon]\subset[a,b]\subset[\alpha,\beta]\quad\Longrightarrow\quad\left|L-\int_a^b f(x)dx\right|<\epsilon$$

이상의 명제 (1), (2), (3)이 서로 동치라는 것을 확인하라. 또한 $-\infty < \alpha < \beta < \infty$ 이고 f가 (유계 폐구간인) $[\alpha, \beta]$에서 유계인 경우는, 특이적분 $\int_\alpha^\beta f(x)dx$가 극한 L로 수렴할 필요충분조건이 f가 $[\alpha, \beta]$에서 리만 적분가능하고 적분값이 L이라는 것도 쉽게 확인할 수 있다. $\int_\alpha^\beta f(x)dx$가 L로 수렴할 때 (극한 $\lim_{N\to\infty}\sum_{n=1}^N a_n$을 $\sum_{n=1}^\infty a_n$으로 나타내듯이) $\int_\alpha^\beta f(x)dx = L$로 표기한다.

어떤 경우에는 특이적분의 수렴을 더 단순하게 정의할 수 있다. 이를테면 함수 f가 $[0, \infty)$에서 연속이면 특이적분 $\int_0^\infty f(x)dx$가 L로 수렴할 필요충분조건이 $\lim_{A\to\infty}\int_0^A f(x)dx = L$이다.

절대수렴하는 특이적분과 비교판정법

지금부터 $-\infty \le \alpha < \beta \le \infty$이고 구간 (α, β)에 포함되는 모든 유계 폐구간에서 f가 리만 적분가능하다고 가정한다.

우선 구간 (α, β) 전체에서 $f \ge 0$인 경우는 $\int_\alpha^\beta f(x)dx$가 수렴할 필요충분조건이 집합

$$S = \left\{ \int_a^b f(x)dx : \alpha < a < b < \beta \right\}$$

가 위로 유계인 것이며, 이때 $\int_\alpha^\beta f(x)dx = \sup S$가 성립함을 '위로 유계인 단조증가수열이 수렴한다.'라는 사실의 증명과 비슷한 방법으로 쉽게 확인할 수 있다. 이로부터 전체 구간에서 $0 \le f \le g$일 때 $\int_\alpha^\beta g(x)dx$가 수렴하면 $\int_\alpha^\beta f(x)dx$도 수렴함을 바로 안다.

미적분학에서 $\sum a_n < \infty$라는 표현은 우선

(1) 모든 n에 대하여 $a_n \ge 0$이고
(2) 급수 $\sum a_n$이 수렴한다.

는 것을 뜻한다. 마찬가지로 전체 구간에서 $f \ge 0$인 경우에 한하여 $\int_\alpha^\beta f(x)dx$가 수렴한다는 것을 $\int_\alpha^\beta f(x)dx < \infty$로 나타낸다.

정리 B.1 f가 복소숫값 함수일 때, $\int_\alpha^\beta |f(x)|dx < \infty$이면 $\int_\alpha^\beta f(x)dx$가 수렴한다.

증명

먼저 f가 실숫값 함수인 경우를 살펴본다. 이 경우 $f^+ = \frac{1}{2}(|f| + f)$, $f^- = \frac{1}{2}(|f| - f)$로 두면, 전체 구간에서 부등식 $0 \le f^+, f^- \le |f|$가 성립하기 때문에 $\int_\alpha^\beta f^+(x)dx$, $\int_\alpha^\beta f^-(x)dx < \infty$를 얻는데, $f = f^+ - f^-$이므로 '합과 상수배의 극한은 각각 극한의 합과 상수배이다.'라는 사실로부터 $\int_\alpha^\beta f(x)dx = \int_\alpha^\beta f^+(x)dx - \int_\alpha^\beta f^-(x)dx$를 얻는다.

일반적인 경우는 부등식 $|\mathrm{Re}\, f|, |\mathrm{Im}\, f| \le |f|$로부터

$$\int_\alpha^\beta |\mathrm{Re}\, f(x)|dx,\ \int_\alpha^\beta |\mathrm{Im}\, f(x)|dx < \infty$$

를 얻고, 이에 따라 $\int_\alpha^\beta \mathrm{Re}\, f(x)dx$와 $\int_\alpha^\beta \mathrm{Im}\, f(x)dx$가 수렴하므로 원하는 결과를 얻는다. ■

따름정리 구간 전체에서 $|f| \le g$가 성립하고 $\int_\alpha^\beta g(x)dx < \infty$이면 $\int_\alpha^\beta f(x)dx$가 수렴한다.

이 따름정리를 **비교판정법**이라고 부른다. 또한 $\int_\alpha^\beta |f(x)|dx < \infty$일 때, 특이적분 $\int_\alpha^\beta f(x)dx$가 **절대수렴**한다고 말한다.

4-C 4장 정리 2.2, 정리 2.4의 증명 풀어읽기

4장 2절

『STEIN 복소해석학』 4장 정리 2.2와 정리 2.4는 각각 함수 모임 $\mathfrak{F}$의 구성원에 대한 푸리에 역변환 공식과 푸아송 합 공식이다. 두 공식을 증명할 때, 적분과 적분의 순서 또는 적분과 무한합의 순서를 바꾸는 것이 결정적인 역할을 한다. 이때 적분을 르베그 적분(Lebesgue integral)으로 이해하면, 적분과 적분 또는 적분과 무한합이라는 두 **극한**의 순서를 바꿀 수 있다는 것이 거의 자명하다. 한편 주어진 적분을 리만 적분의 극한, 즉 **특이적분**으로 받아들이면, 극한의 순서를 바꾸는 데 있어서 확인해야 하는 절차가 의외로 많다. 이 글에서는 주어진 적분을 특이적분으로 간주하고 관련된 내용을 설명한다.

먼저 연속함수의 반복적분에 관한 내용을 간략히 살펴본다. 함수 f가 닫힌 직사각형 $[a,b]\times[c,d]=\{(x,y)\in\mathbb{R}^2 : a\le x\le b,\ c\le y\le d\}$에서 연속이면 푸비니 정리에 따라

$$\int_a^b\int_c^d f(x,y)dydx=\int_c^d\int_a^b f(x,y)dxdy$$

가 성립한다. 『STEIN 푸리에 해석학』의 [부록]에서 정리 2.1을 참고하라. 이때 양변이 잘 정의되기 위해서는 함수 $x\mapsto\int_c^d f(x,y)dy$와 $y\mapsto\int_a^b f(x,y)dx$가 각각 $[a,b]$와 $[c,d]$에서 적분가능해야 된다. 이는 도움정리 C.1의 결과이다.

도움정리 C.1 함수 f가 닫힌 직사각형 $[a,b]\times[c,d]=\{(x,y)\in\mathbb{R}^2 : a\le x\le b,\ c\le y\le d\}$에서 연속이면

$$\phi(x)=\int_c^d f(x,y)dy,\quad \psi(y)=\int_a^b f(x,y)dx$$

로 정의된 함수 ϕ, ψ가 각각 $[a,b]$, $[c,d]$에서 연속이다.

증명

우선 각 $x \in [a,b]$에 대하여 $\phi(x)$가 잘 정의되는데, 그 까닭은 함수 $y \mapsto f(x,y)$가 $[c,d]$에서 연속이고 유계 폐구간에서 모든 연속함수가 리만 적분가능하기 때문이다. 함수 ϕ가 $[a,b]$에서 연속임을 보이기 위해서 $x_0 \in [a,b]$, $\epsilon > 0$을 가정하자. f가 유계 폐집합 $[a,b] \times [c,d]$에서 연속이기 때문에 균등 연속이고, 따라서 다음과 같은 양수 δ가 존재한다.

$$|x - x_0| < \delta \quad \Longrightarrow \quad |f(x,y) - f(x_0,y)| < \frac{\epsilon}{d-c} \qquad (x \in [a,b];\ y \in [c,d])$$

이제 $x \in [a,b]$, $|x - x_0| < \delta$를 가정하면

$$|\phi(x) - \phi(x_0)| \le \int_c^d |f(x,y) - f(x_0,y)| dy \le \epsilon$$

을 얻어서 ϕ가 x_0에서 연속임을 안다.

함수 ψ의 존재성과 연속성도 동일한 방법으로 증명한다. ■

명제 C.2 $0 < b < a$, $f \in \mathfrak{F}_a$, $x \in \mathbb{R}$일 때, 다음이 성립한다.

$$\begin{aligned} &\int_{-\infty}^{\infty} \int_0^{\infty} f(u - ib) e^{-2\pi i(u-ib-x)\xi} d\xi du \\ &= \int_0^{\infty} \int_{-\infty}^{\infty} f(u - ib) e^{-2\pi i(u-ib-x)\xi} du d\xi \end{aligned}$$

피적분함수를 $F(u,\xi)$로 나타내자. 그러면 $F(u,\xi) = f(u - ib)e^{-2\pi i(u-ib-x)\xi}$이다. 이제

$$\int_{-\infty}^{\infty} \int_0^{\infty} F(u,\xi) d\xi du = \int_0^{\infty} \int_{-\infty}^{\infty} F(u,\xi) du d\xi$$

를 보여야 된다. 어떤 상수 $C \neq 0$에 대해서

$$\int_{-\infty}^{\infty} \int_0^{\infty} CF(u,\xi) d\xi du = \int_0^{\infty} \int_{-\infty}^{\infty} CF(u,\xi) du d\xi$$

가 성립함을 보여도 된다는 것이 자명한데, 상수 C를 적절히 선택하면 표기가 단순해진다.

함수 F가 $\mathbb{R}^2$에서 연속이고 $u, \xi \in \mathbb{R}$에 대하여

$$|F(u,\xi)| = |f(u-ib)|e^{-2\pi b\xi}$$

이라는 것이 자명하다. 가정 $0 < b < a$, $f \in \mathfrak{F}_a$에 따라, 양의 상수 A가 존재하여 모든 $u \in \mathbb{R}$에 대하여 $|f(u-ib)| \le A/(1+u^2)$이다. 이때 $g(u) = \frac{1}{\pi(1+u^2)}$, $c = \min\{1, 2\pi b\}$, $h(\xi) = ce^{-2\pi b\xi}$으로 두면 $u \in \mathbb{R}$, $\xi \ge 0$에 대해서

$$|F(u,\xi)| \le \frac{\pi A}{c} g(u)h(\xi)$$

와 $0 < g(u) \le \frac{1}{\pi}$ 및 $0 < h(\xi) \le 1$이 성립하고, 또한 $\int_{-\infty}^{\infty} g(u)du = 1$이고 $\int_0^{\infty} h(\xi)d\xi \le 1$이다. 그러므로 명제 C.2는 다음 명제 C.3의 특별한 경우이다.

명제 C.3 연속함수 $f : \mathbb{R} \times [0,\infty) \to \mathbb{C}$, $g : \mathbb{R} \to [0,1]$, $h : [0,\infty) \to [0,1]$이 $\int_{-\infty}^{\infty} g(x)dx \le 1$, $\int_0^{\infty} h(y)dy \le 1$ 및

$$|f(x,y)| \le g(x)h(y) \quad (x \in \mathbb{R};\ 0 \le y < \infty)$$

를 만족시키면

$$\int_{-\infty}^{\infty}\int_0^{\infty} f(x,y)dydx = \int_0^{\infty}\int_{-\infty}^{\infty} f(x,y)dxdy$$

이다.

증명

가정으로부터 좌변의 안쪽 적분인 $\int_0^{\infty} f(x,y)dy$가 모든 $x \in \mathbb{R}$에 대하여 절대수렴한다. $0 < R \le \infty$에 대하여 함수 $\phi_R : \mathbb{R} \to \mathbb{C}$를

$$\phi_R(x) = \int_0^R f(x,y)dy$$

로 정의하면 모든 $R \in (0,\infty]$, $x \in \mathbb{R}$에 대하여

$$|\phi_R(x)| \le \int_0^R |f(x,y)|dy \le \int_0^R g(x)h(y)dy \le g(x)$$

가 성립한다. 또한 $0 < R < \infty$일 때는 $\phi_R : \mathbb{R} \to \mathbb{C}$가 연속인데, 그 까닭은

도움정리 C.1에 따라 ϕ_R이 실직선의 모든 유계 폐구간에서 연속이기 때문이다. 그러므로 $0 < R < \infty$일 때는 특이적분 $\int_{-\infty}^{\infty} \phi_R(x)dx$가 (절대)수렴한다. 그러나 [글 4–B]의 보기에서 보았듯이 함수 ϕ_∞가 연속이라는 보장이 없기 때문에 특이적분 $\int_{-\infty}^{\infty} \phi_\infty(x)dx$도 수렴함을 보이기 위해서는 논의가 더 필요하다. 사실은 ϕ_∞도 실직선에서 연속인데, 그 까닭은 $0 < R < \infty$, $x \in \mathbb{R}$에 대하여

$$\begin{aligned} |\phi_\infty(x) - \phi_R(x)| &= \left| \int_R^\infty f(x,y)dy \right| \\ &\le \int_R^\infty |f(x,y)|\, dy \\ &\le \int_R^\infty g(x)h(y)dy \\ &\le \int_R^\infty h(y)dy \end{aligned}$$

가 성립하므로 $R \to \infty$에 따라 ϕ_R가 ϕ_∞로 실직선에서 균등 수렴하기 때문이다. 요컨대 모든 $R \in (0, \infty]$에 대하여 $\int_{-\infty}^{\infty} \phi_R(x)dx$가 (절대)수렴한다. 이로부터 $0 < R < \infty$에 대하여

$$\begin{aligned} \left| \int_{-\infty}^{\infty} \phi_\infty(x)dx - \int_{-\infty}^{\infty} \phi_R(x)dx \right| &= \left| \int_{-\infty}^{\infty} \big(\phi_\infty(x) - \phi_R(x)\big)dx \right| \\ &= \left| \int_{-\infty}^{\infty} \int_R^\infty f(x,y)dydx \right| \\ &\le \int_{-\infty}^{\infty} \int_R^\infty |f(x,y)|dydx \\ &\le \int_{-\infty}^{\infty} \int_R^\infty g(x)h(y)dydx \\ &= \int_{-\infty}^{\infty} g(x)dx \int_R^\infty h(y)dy \\ &\le \int_R^\infty h(y)dy \end{aligned}$$

가 성립하여

$$\lim_{R\to\infty} \int_{-\infty}^{\infty} \phi_R(x)dx = \int_{-\infty}^{\infty} \phi_\infty(x)dx = \int_{-\infty}^{\infty} \int_0^\infty f(x,y)dydx$$

를 얻는다.

한편 $0 < S \leq \infty$에 대하여 함수 $\psi_S : [0, \infty) \to \mathbb{C}$를

$$\psi_S(y) = \int_{-S}^{S} f(x,y)dx$$

로 정의하자. 앞에서와 마찬가지로 모든 S, y에 대하여 부등식 $|\psi_S(y)| \leq h(y)$가 성립하고, 모든 S에 대하여 $\psi_S : [0,\infty) \to \mathbb{C}$가 연속이며, $S \to \infty$에 따라 ψ_S가 ψ_∞로 $[0,\infty)$에서 균등 수렴한다. 또한, 자명하게

$$\lim_{R\to\infty} \int_0^R \psi_\infty(y)dy = \int_0^\infty \psi_\infty(y)dy = \int_0^\infty \int_{-\infty}^\infty f(x,y)dxdy$$

이다.

한편 $S \to \infty$에 따라 ψ_S가 ψ_∞로 $[0,\infty)$에서 균등 수렴한다는 사실로부터 각각의 $R \in (0,\infty)$에 대하여

$$\begin{aligned}
\int_0^R \psi_\infty(y)dy &= \lim_{S\to\infty} \int_0^R \psi_S(y)dy \\
&= \lim_{S\to\infty} \int_0^R \int_{-S}^S f(x,y)dxdy \\
&= \lim_{S\to\infty} \int_{-S}^S \int_0^R f(x,y)dydx \\
&= \lim_{S\to\infty} \int_{-S}^S \phi_R(x)dx \\
&= \int_{-\infty}^\infty \phi_R(x)dx
\end{aligned}$$

가 성립하는데, $R \to \infty$에 따른 첫 번째 표현과 마지막 표현의 극한이 각각 우변과 좌변이므로 증명이 끝난다. ■

명제 C.4 $0 < b < a$, $f \in \mathfrak{F}_a$일 때 $-\infty < u < \infty$에 대하여 $z = u - ib$로 매개화한 직선을 L_1으로 나타내면

$$\int_{L_1} f(z) \left(e^{-2\pi iz} \sum_{n=0}^{\infty} e^{-2\pi inz} \right) dz = \sum_{n=0}^{\infty} \int_{L_1} f(z) e^{-2\pi i(n+1)z} dz$$

가 성립한다.

가정에 따라 양수 A가 존재하여 모든 $b \in (0, a)$, $u \in \mathbb{R}$에 대하여 $|f(u - ib)| \leq A/(1 + u^2)$이므로, 특별히

$$\int_{-\infty}^{\infty} |f(u - ib)| du < \infty \quad (0 < b < a)$$

를 얻는다. $f_n(u) = f(u - ib)e^{-2\pi in(u-ib)}$으로 두면 명제의 좌변과 우변은 각각

$$\int_{-\infty}^{\infty} \sum_{n=1}^{\infty} f_n(u) du, \quad \sum_{n=1}^{\infty} \int_{-\infty}^{\infty} f_n(u) du$$

이다. 모든 n, u에 대하여 $|f_n(u)| = |f(u - ib)|e^{-2\pi nb} \leq Ae^{-2\pi nb}$인데, $b > 0$이므로 $\sum_{n=1}^{\infty} Ae^{-2\pi nb} = \frac{A}{e^{2\pi b} - 1}$이다. 따라서 함수항 급수 $\sum |f_n|$이 실직선에서 균등 수렴한다. 또한

$$\begin{aligned} \int_{-\infty}^{\infty} \sum_{n=1}^{\infty} |f_n(u)| du &= \int_{-\infty}^{\infty} |f(u - ib)| \left(\sum_{n=1}^{\infty} e^{-2\pi nb} \right) du \\ &= \frac{1}{e^{2\pi b} - 1} \int_{-\infty}^{\infty} |f(u - ib)| du \\ &< \infty \end{aligned}$$

를 바로 안다. 그러므로 명제 C.4는 다음 명제 C.5의 결과이다.

명제 C.5 함수 f_1, f_2, $\cdots$ 가 실직선의 모든 유계 폐구간에서 리만 적분가능하고, 함수항 급수 $\sum_{n=1}^{\infty}|f_n|$이 실직선의 모든 유계 폐구간에서 균등 수렴한다고 가정하자. 이때 $\int_{-\infty}^{\infty}\sum_{n=1}^{\infty}|f_n(x)|dx < \infty$ 또는 $\sum_{n=1}^{\infty}\int_{-\infty}^{\infty}|f_n(x)|dx < \infty$가 성립하면

$$\int_{-\infty}^{\infty}\sum_{n=1}^{\infty}f_n(x)dx = \sum_{n=1}^{\infty}\int_{-\infty}^{\infty}f_n(x)dx$$

이다.

증명

함수 f가 유계 폐구간 $[a,b]$에서 리만 적분가능하면 $|f|$도 리만 적분가능하고, 리만 적분가능한 함수들로 이루어진 함수열이 $[a,b]$에서 균등 수렴하면 극한함수도 $[a,b]$에서 리만 적분가능하다는 사실로부터 $|f_1|$, $|f_2|$, $\cdots$ 와 $\sum_{n=1}^{\infty}|f_n|$도 실직선의 모든 유계 폐구간에서 리만 적분가능하다. 또한 모든 n, x에 대해서 $|g_n(x)| \le |f_n(x)|$가 성립하면 함수항 급수 $\sum_{n=1}^{\infty}g_n$이 실직선의 모든 유계 폐구간에서 균등 수렴한다는 것도 쉽게 알 수 있다.

첫 번째 단계로, 모든 n에 대해서 $f_n \ge 0$(즉, $f_n = |f_n|$)인 경우에 명제를 증명한다. 우선 $\int\sum f_n < \infty$를 가정하면, 비교판정법에 따라 모든 n에 대하여 $\int_{-\infty}^{\infty}f_n(x)dx$가 수렴하는데 이에 따라 모든 N에 대하여

$$\sum_{n=1}^{N}\int_{-\infty}^{\infty}f_n(x)dx = \int_{-\infty}^{\infty}\sum_{n=1}^{N}f_n(x)dx \le \int_{-\infty}^{\infty}\sum_{n=1}^{\infty}f_n(x)dx$$

가 성립하여

$$\sum_{n=1}^{\infty}\int_{-\infty}^{\infty}f_n(x)dx = \sup_N\sum_{n=1}^{N}\int_{-\infty}^{\infty}f_n(x)dx \le \int_{-\infty}^{\infty}\sum_{n=1}^{\infty}f_n(x)dx < \infty$$

를 얻는다. 따라서 조건 $\int\sum f_n < \infty$가 $\sum\int f_n \le \int\sum f_n$ 및 $\sum\int f_n < \infty$를 함의한다. 이제 $\sum\int f_n < \infty$를 가정하자. 모든 양수 R에 대하여 $\sum_{n=1}^{\infty}f_n$이 유계 폐구간인 $[-R,R]$에서 균등 수렴하기 때문에

$$\int_{-R}^{R} \sum_{n=1}^{\infty} f_n(x)dx = \sum_{n=1}^{\infty} \int_{-R}^{R} f_n(x)dx$$

인데, 우변은 언제나 $\sum_{n=1}^{\infty} \int_{-\infty}^{\infty} f_n(x)dx$를 넘지 않는다. 따라서

$$\int_{-\infty}^{\infty} \sum_{n=1}^{\infty} f_n(x)dx = \sup_{R>0} \int_{-R}^{R} \sum_{n=1}^{\infty} f_n(x)dx \leq \sum_{n=1}^{\infty} \int_{-\infty}^{\infty} f_n(x)dx < \infty$$

를 얻는다. 그러므로 조건 $\sum \int f_n < \infty$가 $\int \sum f_n \leq \sum \int f_n$ 및 $\int \sum f_n < \infty$를 함의한다. 요컨대 두 조건 $\int \sum f_n < \infty$와 $\sum \int f_n < \infty$가 각각 $\sum \int f_n \leq \int \sum f_n$과 $\int \sum f_n \leq \sum \int f_n$을 함의하고, 이에 더하여 두 조건 가운데 하나를 가정하면 나머지 하나도 성립한다. 이렇게 하여 $f_n \geq 0$인 경우의 명제가 증명되었다. 또한 두 조건 $\int \sum |f_n| < \infty$와 $\sum \int |f_n| < \infty$가 서로 동치라는 것도 증명했다.

다음 단계로서, 모든 n에 대하여 f_n이 실숫값 함수인 경우를 살펴본다. 각 n에 대하여 $f_n^+ = \frac{1}{2}(|f_n| - f_n)$, $f_n^- = \frac{1}{2}(|f_n| - f_n)$으로 두면 $0 \leq f_n^+, f_n^- \leq |f_n|$이 성립하기 때문에 $\sum f_n^+$와 $\sum f_n^-$가 실직선의 모든 유계 폐구간에서 균등 수렴한다. 이제 $\int \sum |f_n| < \infty$를 가정하면 비교판정법으로부터 $\int \sum f_n^+ < \infty$ 및 $\int \sum f_n^- < \infty$를 얻고, 첫 번째 단계의 결과로부터 $\int \sum f_n^+ = \sum \int f_n^+$ 및 $\int \sum f_n^- = \sum \int f_n^-$를 얻어서 증명이 끝난다. 더 자세히 말하자면, 모든 n에 대하여 $f_n = f_n^+ - f_n^-$이고 합과 상수배의 극한이 각각 극한의 합과 상수배와 같기 때문에 다음과 같다.

$$\begin{aligned}
\int_{-\infty}^{\infty} \sum_{n=1}^{\infty} f_n(x)dx &= \int_{-\infty}^{\infty} \sum_{n=1}^{\infty} \left(f_n^+(x) - f_n^-(x)\right) dx \\
&= \int_{-\infty}^{\infty} \sum_{n=1}^{\infty} f_n^+(x)dx - \int_{-\infty}^{\infty} \sum_{n=1}^{\infty} f_n^-(x)dx \\
&= \sum_{n=1}^{\infty} \int_{-\infty}^{\infty} f_n^+(x)dx - \sum_{n=1}^{\infty} \int_{-\infty}^{\infty} f_n^-(x)dx \\
&= \sum_{n=1}^{\infty} \int_{-\infty}^{\infty} \left(f_n^+(x) - f_n^-(x)\right) dx \\
&= \sum_{n=1}^{\infty} \int_{-\infty}^{\infty} f_n(x)dx
\end{aligned}$$

이다.

이제 복소숫값 함수 f가 리만 적분가능할 필요충분조건이 f의 실수부와 허수부가 모두 리만 적분가능하다는 것이고, 부등식 $|\mathrm{Re}\, f|, |\mathrm{Im}\, f| \le |f|$가 성립하므로 두 번째 단계로부터 일반적인 경우를 얻는다. ■

명제 C.5에 언급한 '함수항 급수 $\sum |f_n|$이 실직선의 모든 유계 폐구간에서 균등 수렴한다.'라는 조건에 관련된 몇몇 사항을 간략히 언급함으로써 이 글을 마무리한다.

이 조건이 명제 C.5의 증명에서 결정적인 역할을 함에도 불구하고, 명제에 나오는 모든 적분을 르베그 적분으로 이해하면 이 조건을 가정하지 않아도 같은 결과를 얻는다. 단, 균등 수렴에 관한 조건을 가정하지 않았기 때문에 $\sum f_n$이 어떤 유계 폐구간에서는 리만 적분가능하지 않을 수 있고, 따라서 $\int \sum f_n$이 리만 적분의 극한이 아닐 수 있다. 대부분의 실해석학 교재에서 관련된 내용을 찾아볼 수 있다.

함수항 급수 $\sum |f_n|$이 균등 수렴하면 자명하게 $\sum f_n$도 균등 수렴한다. 그러나 역은 일반적으로 성립하지 않는다. 간단한 보기로서, 함수 s_0, s_1, s_2, $\cdots$를

$$s_n(x) = \begin{cases} 0 & (x \le 0) \\ (n+1)x & (0 \le x \le \frac{1}{n+1}) \\ 1 & (\frac{1}{n+1} \le x) \end{cases}$$

로 정의하고 $n = 1, 2, \cdots$에 대해서 $f_n = (-1)^{n+1}(s_n - s_{n-1})$로 두면 $\sum f_n$은 실직선 전체에서 균등 수렴하지만 $\sum |f_n|$은 그렇지 않다.

모든 f_n이 실직선 전체에서 연속일 때, $\sum |f_n|$이 실직선의 모든 유계 폐구간에서 균등 수렴하면 자명하게 함수 $F = \sum |f_n|$이 실직선 전체에서 연속이다. 이 경우에는 역도 성립하는데, (복소해석학에서 다루는 거의 모든 함수가 연속이기 때문에) 이 사실은 특히 복소해석학에서 유용하다.

> **명제 C.6** 함수 f_1, f_2, $\cdots$가 실직선에서 연속일 때, 급수 $\sum |f_n|$의 극한이 실직선에서 연속이면 $\sum |f_n|$이 실직선의 모든 유계 폐구간에서 균등 수렴한다.

증명

함수 $E_1, E_2, \cdots$ 를

$$E_n(x) = \sum_{k=n}^{\infty} |f_k(x)|$$

로 정의하면, 가정에 따라 이 함수들이 모두 연속이고, 각 $x \in \mathbb{R}$에 대하여 수열 $\langle E_n(x) \rangle$가 단조감소하며 0으로 수렴한다. 또한 급수 $\sum |f_n|$이 실직선의 모든 유계 폐구간에서 균등 수렴한다는 것과 함수열 $\langle E_n \rangle$이 실직선의 모든 유계 폐구간에서 0으로 균등 수렴한다는 것이 동치이다.

모순을 얻기 위하여 어떤 유계 폐구간에서 $\langle E_n \rangle$이 0으로 균등 수렴하지 않는다고 가정하면, 그 폐구간의 점들로 이루어진 수열 $\langle x_n \rangle$과 양수 ϵ이 존재하여 모든 n에 대하여 부등식 $E_n(x_n) \geq \epsilon$이 성립한다. 유계 수열 $\langle x_n \rangle$의 부분수열 가운데 수렴하는 것이 있는데, 그것의 극한을 c라고 하면 임의의 양수 δ에 대하여 $\{n : |c - x_n| < \delta\}$가 무한집합이다. 수열 $\langle E_n(c) \rangle$가 0으로 수렴하므로 $E_N(c) < \epsilon/2$을 만족시키는 자연수 N이 존재하는데, E_N이 연속함수이기 때문에 다음 함의관계를 만족시키는 양수 δ가 존재한다.

$$|c - x| < \delta \implies E_N(x) < \epsilon$$

이제 δ가 양수이므로 무한집합 $\{n : |c - x_n| < \delta\}$의 원소 가운데 N보다 큰 것이 있다. 그것을 m으로 두면 수열 $\langle x_n \rangle$의 정의로부터 부등식 $E_m(x_m) \geq \epsilon$이 성립하는 반면, $N < m$ 및 $|c - x_m| < \delta$로부터 부등식 $E_m(x_m) \leq E_N(x_m) < \epsilon$이 성립하여 모순을 얻는다. ■

4-D 4장 정리 3.4의 증명 풀어읽기

4장 3절

『STEIN 복소해석학』 4장 정리 3.4의 증명을 조금 더 친절하게 수정하여 소개한다. 증명에서 Log는 로그의 **주치(principal value)**를 나타낸다.

$$\operatorname{Log}\left(re^{i\theta}\right) = \ln r + i\theta \quad (r > 0;\ -\pi < \theta < \pi)$$

『STEIN 복소해석학』 4장 정리 3.4

F가 부채꼴 $S = \{re^{i\theta} : r > 0,\ -\pi/4 < \theta < \pi/4\}$에서 복소해석적이며 S의 폐포에서 연속이라고 가정하자. 부채꼴 경계에서 $|F(z)| \le 1$이며 상수 $C > 0$, $c > 0$이 존재하여 부채꼴 안의 모든 z에 대해 $|F(z)| \le Ce^{c|z|}$이라고 가정하자. 그러면 모든 $z \in S$에 대해

$$|F(z)| \le 1$$

이 성립한다.

증명

증명에 필요한 보조함수를 하나 도입한다. 조건 $1 < \alpha < 2$를 만족시키는 실수 α를 택하고 $\epsilon > 0$, $z \in \mathbb{C} \setminus (-\infty, 0]$일 때

$$H_\epsilon(z) = \exp\left(-\epsilon e^{\alpha \operatorname{Log} z}\right)$$

으로 두자. 각각의 ϵ에 대해서 z의 함수 H_ϵ은 S를 포함하는 영역인 $\Omega := \mathbb{C} \setminus (-\infty, 0]$에서 해석적이고, 각 $z \in \Omega$에 대하여는 $\lim_{\epsilon \to 0} H_\epsilon(z) = 1$이다. 또한, $|w| < 1$일 때 부등식 $|e^w - 1| < 2|w|$가 성립하고 $|e^{\alpha \operatorname{Log} z}| = |z|^\alpha$이므로

$$\lim_{\substack{z \to 0 \\ z \in \Omega}} H_\epsilon(z) = 1$$

을 바로 안다. 그러므로 $H_\epsilon(0) = 1$로 **정의**해주면 H_ϵ은 S의 폐포를 포함하는 집합인 $\Omega \cup \{0\} = \mathbb{C} \setminus (-\infty, 0)$에서 연속이다. $\cos \frac{\pi\alpha}{4} = \beta$로 두면 $\beta > 0$이고,

$-\pi/4 \le \theta \le \pi/4$에 대해서 $\cos\alpha\theta \ge \beta$이다. 이에 따라 $r > 0$, $-\pi/4 \le \theta \le \pi/4$에 대하여

$$\begin{aligned} |H_\epsilon(re^{i\theta})| &= \exp\left(-\epsilon \operatorname{Re}\left(e^{\alpha \operatorname{Log} re^{i\theta}}\right)\right) \\ &= \exp\left(-\epsilon r^\alpha \cos\alpha\theta\right) \\ &\le \exp\left(-\epsilon\beta r^\alpha\right) \end{aligned}$$

이 성립한다. 이로부터 특별히 S의 경계에서 H_ϵ의 절댓값이 1을 넘지 못함을 안다.

두 함수 F와 H_ϵ의 곱을 F_ϵ으로 나타내자. 즉, $F_\epsilon(z) = F(z)H_\epsilon(z)$이다. 우선 각각의 $z \in S$에 대하여 다음이 성립한다.

$$\lim_{\epsilon\to 0} F_\epsilon(z) = \lim_{\epsilon\to 0} F(z)H_\epsilon(z) = F(z)$$

그러므로 '모든 $z \in S$와 모든 $\epsilon > 0$에 대하여 부등식 $|F_\epsilon(z)| \le 1$이 성립한다.'를 보여도 원하는 결과를 얻는다. 한편 F에 대한 가정과 H_ϵ의 성질로부터, 각각의 $\epsilon > 0$에 대해서 함수 F_ϵ은 S에서 해석적이고 S의 폐포에서 연속이며 S의 경계에서 절댓값이 1을 넘지 않는다. 만일 S가 유계영역이면 이 사실과 『STEIN 복소해석학』 3장 따름정리 4.6에 의하여 각각의 $\epsilon > 0$과 모든 $z \in S$에 대하여 $|F_\epsilon(z)| \le 1$이 성립할 것이다. 그러나 S는 유계영역이 아니다. 이를 극복하기 위해서 S에 포함되는 유계영역을 하나 도입한다. $R > 0$일 때 유계영역 S_R을

$$S_R = \{z \in S : |z| < R\}$$

로 정의하자.

먼저 다음 명제를 증명한다.

(1) $\forall\epsilon > 0 \quad \exists R_0 > 0 \quad \forall R \ge R_0 \quad \forall\zeta \in \partial S_R \quad |F_\epsilon(\zeta)| \le 1$

이를 위하여 $\epsilon > 0$을 가정하면 $\alpha > 1$이고 $\beta > 0$이기 때문에

$$\lim_{R\to\infty} Ce^{cR}e^{-\epsilon\beta R^\alpha} = 0$$

이고, 따라서

$$R \geq R_0 \quad \Longrightarrow \quad Ce^{cR}e^{-\epsilon\beta R^\alpha} < 1$$

을 만족시키는 양수 R_0이 있다. 이제 $R \geq R_0$ 및 $\zeta \in \partial S_R$을 가정하자. 영역 S_R의 경계는 (S의 경계에 포함되는) 두 선분 $[0, Re^{\pi i/4}]$, $[0, Re^{-\pi i/4}]$과 원호 $\{Re^{i\theta} : -\pi/4 \leq \theta \leq \pi/4\}$로 이루어져 있다. 포함관계 $[0, Re^{\pi i/4}] \cup [0, Re^{-\pi i/4}] \subset \partial S$로부터

$$\zeta \in [0, Re^{\pi i/4}] \cup [0, Re^{-\pi i/4}] \quad \Longrightarrow \quad |F_\epsilon(\zeta)| \leq 1$$

을 얻는다. 한편 ζ가 원호에 놓여 있으면, $|\zeta| = R \geq R_0$이므로

$$|F_\epsilon(\zeta)| = |F(\zeta)||H_\epsilon(\zeta)| \leq Ce^{cR}e^{-\epsilon\beta R^\alpha} < 1$$

이다. 이렇게 하여 (1)을 증명하였다.

이제 $\epsilon > 0$ 및 $z \in S$를 가정하면 (1)에 의하여 부등식 $|z| < R$ 및 조건

(2) $\forall \zeta \in \partial S_R \quad |F_\epsilon(\zeta)| \leq 1$

을 동시에 만족시키는 양수 R이 존재한다. $|z| < R$이므로 z는 유계영역 S_R에 놓여 있다. 그러므로 (2)와 『STEIN 복소해석학』 3장 따름정리 4.6에 의하여 원하는 부등식 $|F_\epsilon(z)| \leq 1$을 얻는다. ■

5

전해석함수

Entire Functions

5장에서 주로 살펴볼 내용은 전해석함수의 영점분포이다. 항등적으로 0인 함수는 하나뿐이고, 이 경우 영점집합이 평면 전체이기 때문에 영점분포에 대해 더 이상 살펴볼 것이 없다. 이런 까닭에, 특히 이 장에서는 한 영역에서 해석적인 함수가 주어졌을 때 (별도의 언급이 없는 한) 그 함수가 항등적으로 0은 아니라고 가정한다.

5-A 5장 정리 1.1의 일반화

5장 1절

함수 f가 원판 $D_R = D_R(0)$(단, $R > 0$)의 폐포를 포함하는 영역 Ω에서 해석적이면 f의 영점 가운데 D_R의 폐포에 놓여 있는 것이 유한개밖에 없는데, 그것을 각각의 중복도만큼 나열한 것이 z_1, z_2, $\cdots$, z_N이라 하자. 이에 더하여 $f(0) \neq 0$이면 옌센 공식

$$\frac{1}{2\pi}\int_{-\pi}^{\pi} \ln|f(Re^{i\theta})|d\theta = \ln|f(0)| + \sum_{k=1}^{N} \ln\frac{R}{|z_k|}$$

이 성립한다. 『STEIN 복소해석학』 5장 정리 1.1은 함수 f가 원판 D_R의 경계인 원 $|z| = R$에서 영점을 가지지 않는 특수한 경우이며, 이때 좌변의 피적분함수는 적분구간에서 연속이다. 한편 f가 D_R의 경계에서 영점을 가지면 적분구간 $[-\pi, \pi]$에서 좌변의 피적분함수가 정의되지 않는 점이 있기 때문에, 좌변의 적분을 특이적분으로 이해해야 된다.

5장 정리 1.1을 함수 f가 원판 D_R의 경계에서 영점을 가지는 경우까지 일반화하기 위해서는 『STEIN 복소해석학』에 주어진 증명에서와 마찬가지로 $f(z) = z - w$(단, $|w| = R$) 꼴의 함수에 대해서 옌센 정리를 증명하는 것으로 충분하다. $w = Re^{i\phi}$으로 나타내면 $f(z) = z - w$에 대한 옌센 공식은 다음과 같다.

$$\frac{1}{2\pi}\int_{-\pi}^{\pi} \ln\left|Re^{i\theta} - Re^{i\phi}\right| d\theta = \ln R$$

한편 좌변에서 피적분함수의 주기가 2π 이고 로그의 성질에 따라

$$\ln\left|Re^{i\theta}-Re^{i\phi}\right| = \ln R + \ln\left|e^{i(\theta-\phi)}-1\right|$$

이 성립하기 때문에 다음 도움정리 A.1로부터 원하는 결과를 얻는다.

> **도움정리 A.1** 특이적분 $\int_{-\pi}^{\pi}\ln\left|e^{i\theta}-1\right|d\theta$ 가 0으로 절대수렴한다.

증명

피적분함수가 짝함수이고 $0\le\theta\le\pi$ 에 대해서 $\left|e^{i\theta}-1\right| = 2\sin\frac{\theta}{2}$ 이므로, 특이적분 $\int_0^{\pi}\ln\left(\sin\frac{\theta}{2}\right)d\theta$ 가 $-\pi\ln 2$ 로 절대수렴함을 보이면 된다.

우선 $0\le\theta\le\pi$ 에 대하여 성립하는 부등식 $\frac{\theta}{\pi}\le\sin\frac{\theta}{2}\le 1$ 로부터

$$\ln\frac{\theta}{\pi}\le\ln\left(\sin\frac{\theta}{2}\right)\le 0 \quad (0<\theta\le\pi)$$

를 얻는데,

$$\lim_{\epsilon\to 0+}\int_{\epsilon}^{\pi}\ln\frac{\theta}{\pi}\,d\theta = -\pi$$

이므로 비교판정법에 따라 $\int_0^{\pi}\ln\left(\sin\frac{\theta}{2}\right)d\theta$ 가 절대수렴하며 극한은 $-\pi$ 와 0 사이에 있다.

이제 $\int_0^{\pi}\ln\left(\sin\frac{\theta}{2}\right)d\theta = I$ 로 두면 $-\pi\le I\le 0$ 이고, 또한 $I=\int_0^{\pi}\ln\left(\cos\frac{\theta}{2}\right)d\theta = 2\int_0^{\pi/2}\ln(\sin\theta)\,d\theta = 2\int_{\pi/2}^{\pi}\ln(\sin\theta)\,d\theta = \int_0^{\pi}\ln(\sin\theta)\,d\theta$ 등이 성립하므로

$$\begin{aligned}2I &= \int_0^{\pi}\ln\left(\sin\frac{\theta}{2}\right)d\theta + \int_0^{\pi}\ln\left(\cos\frac{\theta}{2}\right)d\theta \\ &= \int_0^{\pi}(\ln(\sin\theta)-\ln 2)\,d\theta \\ &= I-\pi\ln 2\end{aligned}$$

이고, 따라서 $\int_0^{\pi}\ln\left(\sin\frac{\theta}{2}\right)d\theta = -\pi\ln 2$ 이다. ■

5-B 영점의 개수를 세는 함수

∞ 5장 1절

원점이 중심이고 반지름이 r(단 $r > 0$)인 열린 원판을 D_r로 나타낸다. 즉, $D_r = D_r(0) = \{z \in \mathbb{R} : |z| < r\}$이다. 함수 f가 원판 D_r의 폐포를 포함하는 영역 Ω에서 해석적일 때, 이 함수가 원판 D_r에서 가지는 영점의 개수를 중복도 포함하여 센 것을 $\mathfrak{n}_f(r)$로 표기한다. 이 값은 언제나 (유한한) 자연수이다. 그렇지 않다면 이 함수의 영점집합이 (Ω에 포함되는) 유계 폐집합인 $\overline{D}_r$에서 극한점을 가질 것이고, 항등정리에 따라 f가 Ω에서 항등적으로 0이다. 편의를 위하여 $\mathfrak{n}_f(0) = 0$으로 두며, 문맥으로부터 함수 f가 무엇일지 분명할 때는 $\mathfrak{n}_f(r) = \mathfrak{n}(r)$로 쓴다.

지금부터 f가 원판 D_R의 폐포를 포함하는 영역에서 해석적이고 $f(0) \neq 0$이며 z_1, z_2, $\cdots$, z_N이 D_R에 놓여 있는 f의 모든 영점을 절댓값이 작은 것부터 각자의 중복도만큼 나열한 것이라고 가정하자. 따라서 $N = \mathfrak{n}(R)$이고 $0 < |z_1| \leq |z_2| \leq \cdots \leq |z_N| < R$인데, $a = |z_1|$으로 두면 $0 \leq r \leq a$에 대해서 $\mathfrak{n}(r) = 0$이다. 대부분의 해석개론 교재에서 다루고 있는 리만–스틸체스 적분을 이용하면 많은 경우 수열 $|z_1|$, $|z_2|$, $\cdots$, $|z_N|$에 관련된 합을 함수 $\mathfrak{n}$이 포함되는 적분으로 나타낼 수 있다.

각 k에 대하여 함수 η_k를

$$\eta_k(r) = \begin{cases} 0 & 0 \leq r \leq |z_k| \\ 1 & |z_k| < r \leq R \end{cases}$$

로 정의하면, $0 \leq r \leq R$에 대하여 $\eta_1(r)$, $\eta_2(r)$, $\cdots$, $\eta_N(r)$은 모두 0 아니면 1인데 이 가운데 1인 것이 정확히 $\mathfrak{n}(r)$개 있다. 즉, $\mathfrak{n}(r) = \sum_{k=1}^{N} \eta_k(r)$이다. 함수 $\eta_k : [0, R] \to [0, 1]$이 점 $r = |z_k| \in [a, R)$에서만 뛰어오르는 계단함수이고 $\eta_k(|z_k|) = 0$, $\lim_{r \to |z_k|+} \eta_k(r) = 1$이기 때문에, 함수 ϕ가 구간 $[a, R]$에서 연속이면

$$\int_a^R \phi(r) d\eta_k(r) = \phi(|z_k|)$$

가 성립함을 리만–스틸체스 적분의 정의로부터 바로 안다. 또한, $\mathfrak{n} = \sum_{k=1}^{N} \eta_k$ 이기 때문에 리만–스틸체스 적분의 일반적인 성질에 의하여

$$\int_a^R \phi(r) d\mathfrak{n}(r) = \sum_{k=1}^{N} \int_a^R \phi(r) d\eta_k(r)$$

이다. 따라서

$$\int_a^R \phi(r) d\mathfrak{n}(r) = \sum_{k=1}^{N} \phi(|z_k|)$$

이다. 좌변에 부분적분 공식을 적용하면

$$\begin{aligned}\int_a^R \phi(r) d\mathfrak{n}(r) &= \phi(R)\mathfrak{n}(R) - \phi(a)\mathfrak{n}(a) - \int_a^R \mathfrak{n}(r) d\phi(r) \\ &= \phi(R)\mathfrak{n}(R) - \int_a^R \mathfrak{n}(r) d\phi(r)\end{aligned}$$

인데, 이에 더하여 ϕ가 $[a, R]$에서 일급(ϕ의 도함수가 $[a, R]$에서 연속)이면 우변의 적분이 함수 $\mathfrak{n}\phi'$의 리만 적분과 같다. 즉,

$$\int_a^R \mathfrak{n}(r) d\phi(r) = \int_a^R \mathfrak{n}(r)\phi'(r) dr$$

이다. 구간 $[0, a]$에서 함수 $\mathfrak{n}$이 항등적으로 0이기 때문에, 양변은 ϕ가 어떤 함수든 상관없이 각각 $\int_0^R \mathfrak{n}(r) d\phi(r)$, $\int_0^R \mathfrak{n}(r)\phi'(r) dr$과 같다. 요컨대 ϕ가 $[a, R]$에서 일급이면

$$\sum_{k=1}^{N} \phi(|z_k|) = \sum_{k=1}^{\mathfrak{n}(R)} \phi(|z_k|) = \phi(R)\mathfrak{n}(R) - \int_0^R \mathfrak{n}(r)\phi'(r) dr$$

이다. 보기로서

$$\int_0^R \mathfrak{n}(r) \frac{dr}{r} = \int_0^R \mathfrak{n}(r) d\ln r = N \ln R - \sum_{k=1}^{N} \ln |z_k| = \sum_{k=1}^{N} \ln \frac{R}{|z_k|}$$

이 성립하는데, 이는 『STEIN 복소해석학』 5장 보조정리 1.2의 내용이다. 또 다른 보기로서 $s > 0$, $\phi(r) = r^{-s}$일 때

$$\sum_{k=1}^{N} |z_k|^{-s} = R^{-s}\mathfrak{n}(R) + s \int_0^R \mathfrak{n}(r) r^{-s-1} dr$$

이 있다. 이 결과를 이용하면 5장 정리 2.1의 (2)를 더 쉽게 증명할 수 있다.

5-C 5장 정리 2.1 풀어읽기

∞ 5장 2절

『STEIN 복소해석학』 5장 2절의 첫 문단과 정리 2.1은 각각 증가지수의 정의와 유한증가지수 전해석함수의 영점분포에 관련된 것인데, 그 내용을 글자 그대로 받아들이면 다소 혼란스러운 결론에 이를 수 있다. 정리 2.1을 오해의 여지가 없게 기술하기 위해서 표기법을 하나 도입하고 정리 2.1의 자세한 증명을 소개한다.

전해석함수의 증가지수

전해석함수 f의 **증가지수(order of growth)**가 유한하다는 것은 집합

$$G_f = \left\{\rho > 0 : \exists A, B > 0 \text{ s.t. } \forall z \in \mathbb{C}\ |f(z)| \le Ae^{B|z|^\rho}\right\}$$

이 비어있지 않음을 뜻한다. 이 경우 $\rho_f = \inf G_f$를 f의 **증가지수**라고 부른다. 자명하게 $0 \le \rho_f < \infty$가 성립하며 f가 상수함수이면 $\rho_f = 0$이다. 한편 $G_f = \varnothing$인 경우는 $\rho_f = \infty$로 둔다.

보기로서, g가 d차 다항함수(단, $d \ge 1$)이고 $f(z) = e^{g(z)}$이면 $G_f = [d, \infty)$라는 것을 쉽게 알 수 있다. 그러므로 이 경우 $\rho_f = d \in G_f$이다. 그러나 $\rho_f \notin G_f$인 경우도 있다.[1] 『STEIN 복소해석학』 5장 정리 2.1을 오해의 여지가 없게 기술하면 다음과 같다.

『STEIN 복소해석학』 5장 정리 2.1

전해석함수 f에 대하여 다음이 성립한다.

(1) 각각의 $\rho \in G_f$에 대하여 양수 C가 존재하여 충분히 큰 모든 $r > 0$에 대하여 $\mathfrak{n}(r) \le Cr^\rho$이다. 즉, 각각의 $\rho \in G_f$에 대하여 집합 $\{\mathfrak{n}(r)r^{-\rho} : r \ge 1\}$이 (위로) 유계이다.

(2) f의 영점 가운데 0과 다른 것을 중복도만큼 나열한 것이 $z_1, z_2, \cdots$라고 하면, 모든 $s > \rho_f$에 대하여 $\displaystyle\sum_{k=1}^{\infty} \frac{1}{|z_k|^s} < \infty$가 성립한다.

1 [글 6-C]를 보라.

이 정리를 증명하기에 앞서 도움정리를 하나 도입한다.

도움정리 C.1 f가 전해석함수, l이 0보다 큰 자연수이고 $g(z) = z^l f(z)$이라 하자.

(1) $G_f = G_g$가 성립한다.

(2) $\rho > 0$일 가정하면, 집합 $\{\mathfrak{n}_f(r)r^{-\rho} : r \geq 1\}$이 유계라는 조건과 집합 $\{\mathfrak{n}_g(r)r^{-\rho} : r \geq 1\}$이 유계라는 조건이 서로 동치이다.

증명

(1) ρ, A, $B > 0$이고 모든 $z \in \mathbb{C}$에 대하여 부등식 $|f(z)| \leq Ae^{B|z|^\rho}$이 성립한다고 가정하자. $\rho > 0$이므로 $\lim_{r\to\infty} r^l e^{-r^\rho} = 0$이다. $M = \sup_{r>0} r^l e^{-r^\rho}$으로 두면, 모든 $z \in \mathbb{C}$에 대해서

$$|g(z)| \leq |z|^l Ae^{B|z|^\rho} = A|z|^l e^{-|z|^\rho} e^{(B+1)|z|^\rho} \leq AMe^{(B+1)|z|^\rho}$$

이다. 이로부터 $G_f \subset G_g$가 성립함을 안다. 역으로 ρ, A, $B > 0$이고 모든 $z \in \mathbb{C}$에 대하여 부등식 $|g(z)| \leq Ae^{B|z|^\rho}$이 성립할 때, $M = \max_{|z|\leq 1} |f(z)|$, $\tilde{A} = \max\{A, M\}$으로 두면 모든 $z \in \mathbb{C}$에 대하여 부등식 $|f(z)| \leq \tilde{A}e^{B|z|^\rho}$이 성립한다. 이로부터 $G_g \subset G_f$를 얻는다.

(2) $\mathfrak{n}_f(r) + l = \mathfrak{n}_g(r)$ 및 $\lim_{r\to\infty} lr^{-\rho} = 0$으로부터 바로 얻는다. ■

5장 정리 2.1의 증명

(1) 도움정리 C.1에 따라 $f(0) \neq 0$을 가정해도 일반성을 잃지 않는다. 이제 $\rho \in G_f$를 가정하면, 양수 A, B가 존재하여 모든 $z \in \mathbb{C}$에 대하여 $|f(z)| \leq Ae^{B|z|^\rho}$이다. $f(0) \neq 0$이므로 옌센 공식에 따라 모든 양수 R에 대하여 다음이 성립한다.

$$\int_0^R \mathfrak{n}(t)\frac{dt}{t} = \frac{1}{2\pi}\int_0^{2\pi} \ln\left|f\left(Re^{i\theta}\right)\right| d\theta - \ln|f(0)| \leq BR^\rho + \ln A - \ln|f(0)|$$

여기서 $D = \left|\ln A - \ln|f(0)|\right|$으로 두면, 마지막 표현이 $BR^\rho + D$를 넘지

않는다.

한편 $r>0$이면 $\int_r^{2r} t^{-1}dt = \ln 2$이고, 또한 $r \le t$에 대하여 $\mathfrak{n}(r) \le \mathfrak{n}(t)$이기 때문에

$$\mathfrak{n}(r)\ln 2 = \mathfrak{n}(r)\int_r^{2r}\frac{1}{t}dt \le \int_r^{2r}\mathfrak{n}(t)\frac{dt}{t} \le \int_0^{2r}\mathfrak{n}(t)\frac{dt}{t} \le B(2r)^\rho + D$$

이다. 그러므로 $r \ge 1$에 대하여 다음이 성립한다.

$$\mathfrak{n}(r) \le \frac{1}{\ln 2}\left(B2^\rho + r^{-\rho}D\right)r^\rho \le \frac{1}{\ln 2}\left(B2^\rho + D\right)r^\rho$$

(2) $\rho_f < s$를 가정하면 G_f의 원소 가운데 s보다 작은 것이 있다. 그것을 ρ로 나타내자. (1)에 따라 양수 C가 존재하여 모든 $r \ge 1$에 대하여 $\mathfrak{n}(r) \le Cr^\rho$이다. 이제 $1 < R$에 대하여

$$\begin{aligned}\sum_{1\le|z_n|<R}|z_n|^{-s} &= \int_1^R r^{-s}d\mathfrak{n}(r)\\ &= R^{-s}\mathfrak{n}(R) - 1^{-s}\mathfrak{n}(1) + s\int_1^R \mathfrak{n}(r)r^{-s-1}dr\\ &\le R^{-s}CR^\rho + s\int_1^R Cr^\rho r^{-s-1}dr\\ &\le C\left(1+\frac{s}{s-\rho}\right)\end{aligned}$$

를 얻는다. 마지막 표현이 R에 무관한 양수이므로 (2)가 증명되었다. ■

수렴지수

전해석함수 f의 영점을 중복도만큼 나열한 것이 $z_1, z_2, \cdots$ 일 때, 집합

$$C_f = \left\{ s>0 : \sum_{z_n\ne 0}|z_n|^{-s} < \infty \right\}$$

의 하한을 f의 (영점수열의) **수렴지수(convergence exponent)**라고 부른다. f의 수렴지수를 σ_f로 나타내자. f가 영점을 가지지 않든가 또는 유한개만 가지면 $\sigma_f = 0$으로, $C_f = \varnothing$이면 $\sigma_f = \infty$로 둔다.

『STEIN 복소해석학』 5장 정리 2.1의 (2)는 모든 전해석함수 f에 대하여 부등식 $\sigma_f \leq \rho_f$가 성립한다는 것과 같은 뜻이다. 이때 등호가 성립하지 않을 수도 있는데, 이를테면 P, Q가 다항함수이고 $\deg Q = d \geq 1$, $f = Pe^Q$인 경우 $\rho_f = d$, $\sigma_f = 0$이다.

5-D 5장 명제 3.1, 명제 3.2의 자세한 증명

5장 3.1절

무한곱 $\prod_{n=1}^{\infty}(1+a_n)$이 수렴한다는 것은 부분곱 수열 $\langle(1+a_1)\cdots(1+a_n)\rangle_{n=1}^{\infty}$이 수렴함을 뜻한다. 각각의 $z \in \mathbb{C}\setminus\{0\}$에 대하여 조건 $z = e^w$, $-\pi < \operatorname{Im} w \leq \pi$를 만족시키는 복소수 w가 유일하게 존재한다. 이때 $w = \operatorname{Log} z$로 쓴다. 이렇게 정의된 함수 $\operatorname{Log} : \mathbb{C}\setminus\{0\} \to \mathbb{C}$는 영역 $\mathbb{C}\setminus(-\infty, 0]$에서 해석적인데, 반직선 $(-\infty, 0)$에 놓여 있는 각 점에서 불연속이다. 또한 『STEIN 복소해석학』 3장 6절에서 알아보았듯이 $|z-1| < 1$에 대하여

$$\operatorname{Log} z = \sum_{n=1}^{\infty} \frac{(-1)^{n+1}}{n}(z-1)^n$$

이 성립하는데, 이 사실을

$$\operatorname{Log}(1+z) = \sum_{n=1}^{\infty} \frac{(-1)^{n+1}}{n} z^n \quad (|z| < 1)$$

로 나타내면 많은 경우 편리하다. 이를테면 $|z| < 1/2$에 대해서 다음이 성립한다.

$$|\operatorname{Log}(1+z)| \leq |z| \sum_{n=1}^{\infty} \frac{1}{2^{n-1}n} \leq 2|z|$$

『STEIN 복소해석학』 5장 명제 3.1을 조금 더 자세하게 기술하면 다음과 같다.

『STEIN 복소해석학』 5장 명제 3.1

무한급수 $\sum a_n$이 절대수렴하면 다음이 성립한다.

(1) 무한곱 $\prod_{n=1}^{\infty}(1+a_n)$이 수렴한다.

(2) 이 무한곱이 0으로 수렴할 필요충분조건은 그 인수 중 하나가 0인 것이다.

(3) 무한곱 $\prod_{n=1}^{\infty}(1+a_n)$의 극한은 인수의 재배열에 무관하다.

증명

우선 어떤 k에 대하여 $1+a_k=0$이면 자명하게 $\prod_{n=1}^{\infty}(1+a_n)=0$이다. 그러므로 모든 n에 대하여 $1+a_n$이 0과 다르다는 가정을 하고, $n\to\infty$에 따라

$$\prod_{k=1}^{n}(1+a_k)$$

가 0과 다른 복소수로 수렴하며, 극한이 재배열에 무관함을 보이는 것이 남았다. $\sum a_n$이 수렴하기 때문에 자연수 N이 존재하여, 모든 $n>N$에 대하여 $|a_n|<1/2$이 성립한다. 따라서

$$|\mathrm{Log}(1+a_n)|\le 2|a_n| \quad (n>N)$$

이다. 이로부터 급수 $\sum_{n=1}^{\infty}\mathrm{Log}(1+a_n)$이 절대수렴함을 안다. 이제

$$\prod_{k=1}^{n}(1+a_k)=\prod_{k=1}^{n}e^{\mathrm{Log}(1+a_k)}=\exp\left(\sum_{k=1}^{n}\mathrm{Log}(1+a_k)\right)$$

이므로 지수함수의 연속성으로부터

$$\lim_{n\to\infty}\prod_{k=1}^{n}(1+a_k)=\exp\left(\sum_{n=1}^{\infty}\mathrm{Log}(1+a_n)\right)$$

이 성립하여, 주어진 무한곱이 0과 다른 값으로 수렴한다. 끝으로 $\sum_{n=1}^{\infty}\mathrm{Log}(1+a_n)$이 절대수렴하기 때문에 급수의 극한이 재배열에 무관하다. 이로부터 무한곱의 극한도 재배열에 무관함을 안다. ■

『STEIN 복소해석학』 5장 명제 3.2를 증명하기에 앞서 표기법과 도움정리를 도입한다. 집합 E에 정의된 복소숫값 함수 f에 대하여 $\sup_{x\in E} = \|f\|_E$로 쓴다. 함수열 $\langle f_n \rangle$이 조건

$$\sum_{n=1}^{\infty} \|f_n\|_E < \infty$$

를 만족시키면, 함수항 급수 $\sum_{n=1}^{\infty} f_n$이 E의 각 점에서 절대수렴하고 또한 E에서 고르게 수렴한다는 사실이 잘 알려져 있다.

도움정리 D.1 평면의 열린 집합 Ω에서 해석적인 함수들로 이루어진 함수열 $\langle f_n \rangle$이 조건 $\sum_{n=1}^{\infty} \|f_n\|_\Omega < \infty$를 만족시키면, 함수항 급수 $\sum_{n=1}^{\infty} f_n'$이 Ω의 각 점에서 절대수렴하며 또한 Ω의 모든 콤팩트 부분집합에서 고르게 수렴한다.

증명

K가 Ω의 콤팩트 부분집합이면 다음 조건을 만족시키는 양수 r이 존재한다.

$$a \in K \quad \Longrightarrow \quad \overline{D(a;r)} \subset \Omega$$

이제 $a \in K$이고 f가 Ω에서 해석적이면

$$|f'(a)| = \left| \frac{1}{2\pi i} \int_{|z-a|=r} \frac{f(z)}{(z-a)^2} dz \right| \le \frac{1}{2\pi} \times 2\pi r \times \frac{\|f\|_\Omega}{r^2}$$

이다. 이로부터 각각의 n에 대하여 $\|f_n'\|_K \le r^{-1} \|f_n\|_\Omega$가 성립하고, 따라서

$$\sum_{n=1}^{\infty} \|f_n'\|_K < \infty$$

이므로 원하는 결과를 얻는다. ■

『STEIN 복소해석학』 5장 명제 3.2를 조금 더 정확하게 기술하면 다음과 같다.

『STEIN 복소해석학』 5장 명제 3.2

열린 집합 Ω에서 해석적인 함수들로 이루어진 함수열 $\langle F_n \rangle$이 조건 $\sum_{n=1}^{\infty} \|F_n - 1\|_\Omega < \infty$를 만족시키면, 다음이 성립한다.

(1) 무한곱 $\prod_{n=1}^{\infty} F_n$이 Ω에서 고르게 수렴하고, 극한이 Ω에서 해석적이다.

(2) $\prod_{n=1}^{\infty} F_n = G$로 두자. 이때 모든 F_1, F_2, $\cdots$ 가 Ω에서 영점을 가지지 않으면, G도 Ω에서 영점을 가지지 않고, $\sum_{n=1}^{\infty} F_n'/F_n$이 Ω의 각 점에서 G'/G로 절대수렴하며 또한 Ω의 모든 콤팩트 부분집합에서 고르게 수렴한다.

증명

무한곱 $\prod_{n=1}^{\infty} F_n$의 n번째 부분곱을 G_n으로 나타내자. 즉, $G_n = F_1 F_2 \cdots F_n$이다. 자명하게 모든 G_n은 Ω에서 해석적이다.

먼저 모든 n에 대하여 $\|F_n - 1\|_\Omega < 1/2$인 경우에 (1)과 (2)를 증명해보자.

(1) $\|F_n - 1\|_\Omega < 1/2$인 경우는 모든 n에 대해서 F_n이 Ω에서 영점을 가지지 않을 뿐만 아니라 $\operatorname{Log} F_1$, $\operatorname{Log} F_2$, $\cdots$ 가 모두 Ω에서 해석적이고, 부등식 $\|\operatorname{Log} F_n\|_\Omega \le 2\|F_n - 1\|_\Omega$가 성립한다. 또한, G_1, G_2, $\cdots$ 가 다음과 같이 주어진다.

$$G_n = \prod_{k=1}^{n} \exp\left(\operatorname{Log} F_k\right) = \exp\left(\sum_{k=1}^{n} \operatorname{Log} F_k\right)$$

가정 $\sum_{n=1}^{\infty} \|F_n - 1\|_\Omega < \infty$로부터 $\sum_{n=1}^{\infty} \|\operatorname{Log} F_n\|_\Omega < \infty$를 얻고, 이에 따라 함수항 급수 $\sum_{n=1}^{\infty} \operatorname{Log} F_n$이 Ω의 각 점에서 절대수렴하고 또한 Ω 전체에서 고르게 수렴한다. $\sum_{n=1}^{\infty} \|\operatorname{Log} F_n\|_\Omega = R$로 두면 모든 $z \in \Omega$와 모든 n에 대하여

$$\left|\sum_{k=1}^{n} \operatorname{Log} F_k(z)\right| \le R$$

이 성립하는데, 지수함수가 원판 $D(0; R)$의 폐포에서 고르게 연속이고 함수항 급수 $\sum_{n=1}^{\infty} \operatorname{Log} F_n$이 Ω 전체에서 고르게 수렴하기 때문에 부분곱 함수열

$\langle G_n \rangle$ 이 Ω 에서 고르게 수렴한다. 이것은 무한곱 $\prod_{n=1}^{\infty} F_n$ 이 Ω 에서 고르게 수렴함을 뜻한다. 각각의 부분곱 G_n 이 Ω 에서 해석적이므로 부분곱 함수열의 고른 극한인 $\prod_{n=1}^{\infty} F_n$ 도 Ω 에서 해석적이다. 이렇게 하여 (1)이 증명되었다.

(2) 무한곱 $\prod_{n=1}^{\infty} F_n$ 의 극한을 G 로 나타내면

$$G = \lim_{n\to\infty} \exp\left(\operatorname{Log} F_1 + \cdots + \operatorname{Log} F_n\right) = \exp\left(\sum_{n=1}^{\infty} \operatorname{Log} F_n\right)$$

이다. 따라서 G 는 Ω 에서 영점을 가지지 않고 또한

$$\frac{G'}{G} = \left(\sum_{n=1}^{\infty} \operatorname{Log} F_n\right)' = \sum_{n=1}^{\infty} (\operatorname{Log} F_n)'$$

이다. 도움정리 D.1에 따라 $\sum_{n=1}^{\infty} (\operatorname{Log} F_n)'$ 이 Ω 의 각 점에서 절대수렴하며 또한 Ω 의 모든 콤팩트 부분집합에서 고르게 수렴하는데, $(\operatorname{Log} F_n)' = F_n'/F_n$ 이므로 (2)가 증명되었다.

이번에는 일반적인 경우에 (1)과 (2)를 증명해보자.

가정 $\sum_{n=1}^{\infty} \|F_n - 1\|_\Omega < \infty$ 에 따라, 자연수 N 이 존재하여 모든 $n \geq N+1$ 에 대해 $\|F_n - 1\|_\Omega < 1/2$ 이 성립한다. 따라서 무한곱 $\prod_{n=N+1}^{\infty} F_n$ 이 Ω 에서 고르게 수렴한다. 이것은 함수열 $\langle F_{N+1} F_{N+2} \cdots F_n \rangle_{n=N+1}^{\infty}$ 이 Ω 에서 고르게 수렴함을 뜻하는데, 함수 $F_1 F_2 \cdots F_N$ 이 Ω 에서 유계이므로 함수열 $\langle (F_1 \cdots F_N)(F_{N+1} \cdots F_n) \rangle_{n=N+1}^{\infty}$ 도 Ω 에서 고르게 수렴하고 따라서 무한곱 $\prod_{n=1}^{\infty} F_n$ 이 Ω 에서 고르게 수렴한다. 이제 $F_1, F_2, \cdots$ 가 Ω 에서 영점을 가지지 않으면 $G = \prod_{n=1}^{\infty} F_n = F_1 \cdots F_N \prod_{n=N+1}^{\infty} F_n$ 도 Ω 에서 영점을 가지지 않고

$$\frac{G'}{G} = \frac{F_1'}{F_1} + \cdots + \frac{F_N'}{F_N} + \sum_{n=N+1}^{\infty} \frac{F_n'}{F_n}$$

인데, 우변의 함수항 급수는 Ω 의 각 점에서 절대수렴하고 Ω 의 모든 콤팩트 부분집합에서 고르게 수렴한다. 이렇게 하여 일반적인 경우에 대해서도 증명하였다. ■

5–E 5장 3.2절 풀어읽기

5장 3.2절

『STEIN 복소해석학』 3장 3.2절은 '사인 함수에 대한 곱 공식'의 예제를 다룬다. 이 논의 과정에서 다음 명제가 쓰였는데, 자세한 증명을 소개한다.

명제 E.1 다음과 같은 양의 상수 M이 존재한다.

$$\left|\sum_{n=1}^{\infty} \frac{2z}{z^2 - n^2}\right| \leq M \quad (|\operatorname{Re} z| \leq 1/2;\ |\operatorname{Im} z| \geq 1)$$

증명

우선 $x,\ y \in \mathbb{R},\ y \neq 0,\ n \in \mathbb{N}$에 대해서

$$\frac{2(x+iy)}{(x+iy)^2 - n^2} = \frac{2(x+iy)}{-y^2 - n^2 + x^2 + 2ixy} = \frac{y}{y^2+n^2} \times \frac{2\left(\frac{x}{y} + i\right)}{-1 + \frac{x^2+2ixy}{y^2+n^2}}$$

가 성립한다. 이에 더하여 $|x| \leq 1/2,\ |y| \geq 1,\ n \geq 1$을 가정하면

$$\left|2\left(\frac{x}{y} + i\right)\right| \leq 3,$$

$$\left|\frac{x^2 + 2ixy}{y^2 + n^2}\right| \leq \frac{\frac{1}{4} + |y|}{2|y|n} = \frac{\frac{1}{4|y|} + 1}{2n} \leq \frac{5}{8}$$

이고, 따라서

$$\left|\frac{2\left(\frac{x}{y} + i\right)}{-1 + \frac{x^2+2ixy}{y^2+n^2}}\right| \leq \frac{3}{1 - \frac{5}{8}} = 8$$

이다. 그러므로 $|\operatorname{Re} z| \leq 1/2,\ |\operatorname{Im} z| = y \geq 1$에 대하여

$$\left|\sum_{n=1}^{\infty} \frac{2z}{z^2 - n^2}\right| \leq 8\sum_{n=1}^{\infty} \frac{y}{y^2+n^2} \leq 8\int_0^{\infty} \frac{y}{y^2+t^2} dt = 4\pi$$

가 성립한다. ∎

5-F 아다마르 인수분해 정리 풀어읽기

5장 4절

『STEIN 복소해석학』 5장 4절 정리 4.1의 증명[2]에 쓰이는 무한곱의 경우, 곱을 구성하는 표준 인수의 차수가 한없이 커진다. 한편 아다마르 인수분해 정리는 주어진 전해석함수 f의 증가지수가 $\rho_0 < \infty$일 때, f를 차수가 ρ_0를 넘지 않는 다항함수의 지수함수와 차수가 $k = \lfloor \rho_0 \rfloor$인 표준인수들의 무한곱으로 인수분해할 수 있다는 내용인데, 증명이 여러 단계로 이루어져 있다. 각 단계를 좀 더 분명하게 살펴볼 수 있도록 정리를 기술하고 『STEIN 복소해석학』과는 조금 다른 순서로 증명한다.

『STEIN 복소해석학』 5장 정리 5.1

전해석함수 f의 증가지수가 ρ_0이고 $k = \lfloor \rho_0 \rfloor$일 때 다음이 성립한다.

(1) f가 영점을 유한개만 가지면 다항함수 f_0와 P가 존재하여 $f = f_0 e^P$이다. 또한 $\deg P = k = \rho_0$이다.

(2) f의 영점이 무수히 많을 때, $a_1, a_2, \cdots$가 f의 모든 영점을 중복도만큼 나열한 것이라고 하면, 무한곱

$$\prod_{|a_n|>1} E_k\left(\frac{z}{a_n}\right) = \Pi(z)$$

가 평면의 모든 콤팩트 집합에서 고르게 수렴하고, 다항함수 f_0와 P가 존재하여 $f = f_0 e^P \Pi$이다. 또한 $\deg P \leq k$이다.

부등식 $k \leq \rho_0 < k+1$이 성립하므로, $\rho_0 < s < k+1$이 성립토록 하는 s가 존재한다. 증가지수의 정의에 따라 양수 A, B가 존재하여 모든 z에 대하여

$$|f(z)| \leq Ae^{B|z|^s}$$

이고, 또는 같은 말로

2 『STEIN 복소해석학』 170–171p를 참고하라.

$$|A^{-1}f(z)| \le e^{B|z|^s}$$

이다. 필요하다면 f를 $A^{-1}f$로 대체하여 다음을 가정해도 된다.

$$|f(z)| \le e^{B|z|^s}$$

『STEIN 복소해석학』 5장 보조정리 5.5

g가 전해석함수이고 s, $C > 0$일 때, 위로 유계가 아닌 집합 $E \subset (0, \infty)$가 존재하여

$$|z| \in E \implies \left|e^{g(z)}\right| \le e^{C|z|^s}$$

이 성립하면, g는 차수가 s를 넘지 않는 다항함수이다.

증명

우리가 가정하고 있는 함의관계는 다음을 뜻한다.

$$|z| \in E \implies \operatorname{Re} g(z) \le C|z|^s$$

g가 전해석함수이므로, c_0, c_1, c_2, $\cdots \in \mathbb{C}$가 존재하여

$$g(z) = \sum_{n=0}^{\infty} c_n z^n \quad (z \in \mathbb{C})$$

이다. 모든 $n > s$에 대하여 $c_n = 0$을 보이면 된다. $u = \operatorname{Re} g$로 두면,

$$2u\left(re^{i\theta}\right) = \sum_{k=0}^{\infty} c_k r^k e^{ik\theta} + \sum_{k=0}^{\infty} \overline{c_k} r^k e^{-ik\theta} \quad (r > 0;\ \theta \in \mathbb{R})$$

이다. 각 k, $n \in \mathbb{Z}$에 대하여 $k \ne n$이면 $\int_0^{2\pi} e^{i(k-n)\theta} d\theta = 0$이고 $\int_0^{2\pi} e^{i(n-n)\theta} d\theta = 2\pi$이므로, $n = 1$, 2, $\cdots$, $r > 0$에 대해서

$$c_n = \frac{1}{\pi r^n} \int_0^{2\pi} \left(u\left(re^{i\theta}\right) - Cr^{\rho}\right) e^{-in\theta} d\theta$$

이다. 이제 $n > s$를 가정하면 $n \ge 1$인데, 이에 더하여 $r \in E$를 가정하면 모든 $\theta \in \mathbb{R}$에 대해서 $u\left(re^{i\theta}\right) - Cr^s \le 0$이고, 그러므로 $\left|u\left(re^{i\theta}\right) - Cr^s\right| = Cr^s - u\left(re^{i\theta}\right)$이며, 따라서

$$|c_n| \leq \frac{1}{\pi r^n}\int_0^{2\pi}\left(Cr^s - u\left(re^{i\theta}\right)\right)d\theta = 2Cr^{s-n} - 2r^{-n}u(0)$$

이다. 여기서 등식은 u가 조화함수임에 따른 평균값 성질[3]의 결과이다. 이제 $|c_n|$이 $r \in E$에 무관한 반면, E가 위로 유계가 아니기 때문에 마지막 표현은 임의로 작아진다. 이렇게 하여 원하던 대로 $c_n = 0$을 얻었다. ■

5장 정리 5.1(1)의 증명

$a_1, a_2, \cdots, a_N$이 f의 영점을 중복도만큼 나열한 것일 때 $f_0(z) = (z-a_1)\cdots(z-a_N)$으로 두자. f가 영점을 가지지 않으면 $f_0 = 1$로 둔다. f/f_0가 영점을 가지지 않는 전해석함수이기 때문에 $f/f_0 = e^g$, 또는 같은 말로 $f = f_0 e^g$을 만족시키는 전해석함수 g가 존재한다. f_0가 다항함수이기 때문에 두 전해석함수 f와 e^g의 증가지수가 일치한다. 한편 f_0가 비상수 다항함수이면, 절댓값이 충분히 큰 모든 z에 대해서

$$\left|e^{g(z)}\right| \leq |f(z)|$$

이다. 그러므로 모든 z에 대해서

$$\left|e^{g(z)}\right| \leq e^{B|z|^s}$$

을 가정해도 된다. 5장 보조정리 5.5에 의하여 g는 차수가 s를 넘지 않는 다항함수이다. 이로부터

$$k \leq \rho_0 = f\text{의 증가지수} = e^g\text{의 증가지수} = \deg g < k+1$$

을 얻어 증명이 끝났다.

5장 정리 5.1(2)의 증명

이제, 5장 정리 5.1의 (2)를 증명하기 위해서 f의 영점을 중복도만큼 나열한 것이

3 『STEIN 복소해석학』 3장 따름정리 7.3을 참고하라.

a_1, a_2, $\cdots$ 라고 하자. 5장 정리 2.1의 (2)에 의하여

$$\sum_{|a_n|>1} |a_n|^{-(k+1)} < \infty$$

이다. 이 책의 110p에 소개한 『STEIN 복소해석학』 5장 명제 3.2와 『STEIN 복소해석학』 5장 보조정리 4.2에 의하여 무한곱

$$\prod_{|a_n|>1} E_k\left(\frac{z}{a_n}\right) = \Pi(z)$$

가 평면의 모든 유계 집합에서 고르게 수렴한다. 즉, Π가 전해석함수이다. $f_0(z) = \prod_{|a_n|\le 1}(z - a_n)$으로 두면, f_0가 다항함수이고 전해석함수 g가 존재하여

$$f = f_0 e^g \Pi$$

인데, (1)의 증명에서처럼 $f_0 = 1$이라고 가정해도 된다. 그러므로 $|a_1|$, $|a_2|$, $\cdots > 1$과

$$\Pi(z) = \prod_{n=1}^{\infty} E_k\left(\frac{z}{a_n}\right), \quad \left|e^{g(z)}\Pi(z)\right| \le e^{B|z|^s} \quad (z \in \mathbb{C})$$

를 가정하고, g가 5장 보조정리 5.5의 조건을 만족시킨다는 것을 보이면 증명이 끝난다. 지금부터 이 사실을 몇 단계로 나누어 증명한다.

『STEIN 복소해석학』 5장 보조정리 5.2

다음과 같은 양수 c_1, c_2가 존재한다.

(1) $|z| \le 1/2 \implies |E_k(z)| \ge e^{-c_1|z|^{k+1}}$

(2) $|z| \ge 1/2 \implies |E_k(z)| \ge |1 - z|e^{-c_2|z|^k}$

증명

우선 $k = 0$인 경우에 정리가 성립하는 것이 자명하다. $k \ge 1$을 가정하자 $|z| \le 1/2$을 가정하면

$$E_k(z) = \exp\left(-\sum_{n=k+1}^{\infty} \frac{z^n}{n}\right)$$

이고

$$-\operatorname{Re}\left(\sum_{n=k+1}^{\infty}\frac{z^n}{n}\right) \geq -\left|\sum_{n=k+1}^{\infty}\frac{z^n}{n}\right| \geq -|z|^{k+1}\sum_{n=k+1}^{\infty}\frac{1}{n2^{n-k-1}} \geq -2|z|^{k+1}$$

이다. 한편, $|z| \geq 1/2$을 가정하면

$$E_k(z) = (1-z)\exp\left(\sum_{n=1}^{k}\frac{z^n}{n}\right)$$

이고

$$\operatorname{Re}\left(\sum_{n=1}^{k}\frac{z^n}{n}\right) \geq -\left|\sum_{n=1}^{k}\frac{z^n}{n}\right| \geq -|z|^k\sum_{n=1}^{k}\frac{|z|^{n-k}}{n} \geq -|z|^k\sum_{n=1}^{k}\frac{2^{k-n}}{n}$$

이다. ■

『STEIN 복소해석학』 5장 보조정리 5.3

다음과 같은 양수 c가 존재한다.

$$z \notin \bigcup_{n=1}^{\infty} D\left(a_n; |a_n|^{-k-1}\right) \quad \Longrightarrow \quad |\Pi(z)| \geq e^{-c|z|^s}$$

증명

부등식 $\rho_0 < s$ 및 『STEIN 복소해석학』 5장 정리 2.1에 의하여 $\sum |a_n|^{-s} < \infty$이다. 자명하게 모든 $z \in \mathbb{C}$에 대하여

$$\Pi(z) = \prod_{n=1}^{\infty} E_k\left(\frac{z}{a_n}\right) = \prod_{|a_n|\leq 2|z|} E_k\left(\frac{z}{a_n}\right) \prod_{|a_n|>2|z|} E_k\left(\frac{z}{a_n}\right)$$

이다. 5장 보조정리 5.2의 (1)에 따라 양수 c_1이 존재하여

$$|a_n| \geq 2|z| \quad \Longrightarrow \quad \left|E_k\left(\frac{z}{a_n}\right)\right| \geq e^{-c_1|z/a_n|^{k+1}}$$

이고, 또한

$$|a_n| \geq 2|z| \quad \Longrightarrow \quad \left|\frac{z}{a_n}\right|^{k+1-s} \leq 1$$

이므로

$$\sum_{|a_n|\geq 2|z|}\left|\frac{z}{a_n}\right|^{k+1}=\sum_{|a_n|\geq 2|z|}\left|\frac{z}{a_n}\right|^{s}\left|\frac{z}{a_n}\right|^{k+1-s}\leq |z|^s\sum_{n=1}^{\infty}|a_n|^{-s}$$

이다. 따라서

$$\left|\prod_{|a_n|>2|z|}E_k\left(\frac{z}{a_n}\right)\right|\geq \exp\left(-c_1|z|^s\sum_{n=1}^{\infty}|a_n|^{-s}\right)$$

이다. 5장 보조정리 5.2의 (2)에 따라 양수 c_2가 존재하여

$$|a_n|\leq 2|z| \quad\Longrightarrow\quad \left|E_k\left(\frac{z}{a_n}\right)\right|\geq\left|1-\frac{z}{a_n}\right|e^{-c_2|z/a_n|^k}$$

인데, 각각의 z에 대하여 $|a_n|\leq 2|z|$를 만족시키는 n이 유한개만 있기 때문에

$$\left|\prod_{|a_n|\leq 2|z|}E_k\left(\frac{z}{a_n}\right)\right|\geq\prod_{|a_n|\leq 2|z|}\left|1-\frac{z}{a_n}\right|\prod_{|a_n|\leq 2|z|}e^{-c_2|z/a_n|^k}$$

이다. 우선

$$\sum_{|a_n|\leq 2|z|}\left|\frac{z}{a_n}\right|^{k}=\sum_{|a_n|\geq 2|z|}\left|\frac{z}{a_n}\right|^{s}\left|\frac{z}{a_n}\right|^{k-s}\leq |z|^s 2^{s-k}\sum_{n=1}^{\infty}|a_n|^{-s}$$

이므로

$$\prod_{|a_n|\leq 2|z|}e^{-c_2|z/a_n|^k}\geq\exp\left(-c_2 2^{s-k}|z|^s\sum_{n=1}^{\infty}|a_n|^{-s}\right)$$

이다. 한편 $z\notin\bigcup_{n=1}^{\infty}D(a_n;|a_n|^{-k-1})$을 가정하면,

$$\prod_{|a_n|\leq 2|z|}\left|1-\frac{z}{a_n}\right|\geq\prod_{|a_n|\leq 2|z|}|a_n|^{-k-2}=\exp\left(-(k+2)\sum_{|a_n|\leq|2z|}\ln|a_n|\right)$$

인데

$$\sum_{|a_n|\leq|2z|}\ln|a_n|\leq\mathfrak{n}(|2z|)\ln|2z|$$

이다. 이제 $\rho_0<\rho<s$를 만족시키는 ρ를 하나 고르면, 『STEIN 복소해석학』 5장

정리 2.1에 따라 양수 c_3가 존재하여 $\mathfrak{n}(r) \le c_3 r^\rho$이다. 또한

$$\lim_{r\to\infty} r^{\rho-s}\ln r = 0$$

이기 때문에

$$\sup_{r\ge 1} r^{\rho-s}\ln r = c_4 < \infty$$

이다. 따라서

$$\sum_{|a_n|\le|2z|} \ln|a_n| \le c_3|2z|^\rho \ln|2z| = c_3c_4 2^s|z|^s$$

이다. 요컨대,

$$c = c_1\sum_{n=1}^{\infty}|a_n|^{-s} + c_2 2^{s-k}\sum_{n=1}^{\infty}|a_n|^{-s} + (k+2)c_3c_4 2^s$$

로 두면 원하는 결과를 얻는다. ■

이제

$$\left|e^{g(z)}\Pi(z)\right| \le e^{B|z|^s} \quad (z\in\mathbb{C})$$

및 5장 보조정리 5.3에 의하여

$$z \notin \bigcup_{n=1}^{\infty} D\left(a_n; |a_n|^{-k-1}\right) \quad\Longrightarrow\quad |\Pi(z)| \ge e^{-c|z|^s} \quad\Longrightarrow\quad \left|e^{g(z)}\right| \le e^{(c+B)|z|^s}$$

이다. 각 $n = 1,\ 2,\ \cdots$ 에 대하여

$$I_n = \left(|a_n| - |a_n|^{-k-1}, |a_n| + |a_n|^{-k-1}\right)$$

으로 두고, 집합 E를

$$E = (0,\infty)\setminus\bigcup_{n=1}^{\infty} I_n$$

으로 정의하면 자명하게

$$|z|\in E \quad\Longrightarrow\quad z\notin\bigcup_{n=1}^{\infty} D\left(a_n; |a_n|^{-k-1}\right)$$

이다. 그러므로 다음 보조정리로부터 원하는 결과를 얻는다.

『STEIN 복소해석학』 5장 따름정리 5.4

집합 E는 위로 유계가 아니다.

증명

모든 n에 대하여 구간 I_n의 길이가 $2|a_n|^{-k-1}$이며, 또한 $I_n \subset (0, \infty)$이다(우리는 $|a_n| > 1$을 가정하고 있다). 우선 $\sum |a_n|^{-k-1} < \infty$이므로 자연수 N이 존재하여

$$\sum_{n=N+1}^{\infty} |a_n|^{-k-1} < \frac{1}{2}$$

이다. 또한 자연수 M이 존재하여

$$\bigcup_{n=1}^{N} I_n \subset (0, M]$$

이다. 각각의 자연수 $m > M$에 대하여

$$[m, m+1] \cap E \neq \varnothing$$

을 보이면 증명이 끝난다. 모순을 얻기 위해서 $m > M$ 및 $[m, m+1] \cap E = \varnothing$을 가정하면

$$[m, m+1] \subset (M, \infty) \cap \left(\bigcup_{n=1}^{\infty} I_n \right)$$

이다. 그러므로

$$[m, m+1] \subset \bigcup_{n=N+1}^{\infty} I_n$$

이다. 따라서 구간 I_{N+1}, I_{N+2}, $\cdots$ 의 길이의 합이 1보다 작지 않은데, 이것은

$$\sum_{n=N+1}^{\infty} |a_n|^{-k-1} < \frac{1}{2}$$

에 모순이다. ■

감마함수와 제타함수
The Gamma and Zeta Functions

6장은 감마함수와 제타함수의 해석적 확장 및 이에 사용되는 전해석함수의 증가지수에 관한 내용을 설명한다. 그리고 『STEIN 복소해석학』 7장 소수정리[1]의 증명에 쓰이는 6장 2절 명제 2.7을 자세하게 증명한다. 끝으로 극한이 감마함수로 주어지는 특이적분을 하나 소개한다.

6-A 감마함수의 해석적 확장

6장 1절

『STEIN 복소해석학』에서는 Γ의 해석적 확장을 세 가지 방법으로 보였다. 첫 번째 방법은 6장 정리 1.3이고 두 번째 방법은 6장 1.1절의 끝부분[2]에서 소개된 것이며, 세 번째 방법은 6장 정리 1.7을 이용한 것이다. [글 6-A]는 두 번째와 세 번째 방법을 설명한다.

복소수 α와 양수 t에 대하여 $t^\alpha = e^{\alpha \ln t}$으로 정의하면

$$|t^\alpha| = t^{\mathrm{Re}\,\alpha}$$

과

$$\frac{d}{dt}t^\alpha = \frac{d}{dt}e^{\alpha \ln t} = e^{\alpha \ln t}\frac{\alpha}{t} = \alpha e^{\alpha \ln t}e^{-\ln t} = \alpha e^{(\alpha-1)\ln t} = \alpha t^{\alpha-1}$$

이 성립한다. 그러므로 $\int_0^1 t^\alpha dt$가 존재할 필요충분조건은 $\mathrm{Re}\,\alpha > -1$이고, 이때

$$\begin{aligned}\int_0^1 t^\alpha dt &= \lim_{\epsilon\to 0+}\int_\epsilon^1 \frac{d}{dt}\left(\frac{t^{\alpha+1}}{\alpha+1}\right)dt \\ &= \frac{1}{\alpha+1}\lim_{\epsilon\to 0+}\left(1-\epsilon^{\alpha+1}\right) = \frac{1}{\alpha+1}\end{aligned}$$

이다. 단, $\mathrm{Re}\,\alpha > 0$이면 $\lim_{t\to 0+} t^\alpha = 0$이기 때문에 $\int_0^1 t^\alpha dt$는 연속함수의 적분이다.

1 『STEIN 복소해석학』 210p를 참고하라.

2 『STEIN 복소해석학』 189–190p를 참고하라.

명제 A.1 $\mathrm{Re}\, s > 0$에 대하여

$$\int_0^1 e^{-t} t^{s-1} dt = \sum_{n=0}^{\infty} \frac{(-1)^n}{n!(s+n)}$$

이 성립한다.

증명

이 증명에서 $\mathrm{Re}\, \alpha > 0$이면 $0^\alpha = 0$으로 이해한다. 그러므로 이 경우는 t의 함수 t^α이 $[0, \infty)$에서 연속이고, $0 \le t \le 1$에 대해서 $|t^\alpha| \le 1$이 성립한다. $\mathrm{Re}\, s > 0$이면 $\int_0^1 t^{s-1} dt = 1/s$이므로

$$\int_0^1 \left(e^{-t} - 1\right) t^{s-1} dt = \sum_{n=1}^{\infty} \frac{(-1)^n}{n!(s+n)}$$

을 보여도 되는데,

$$\left(e^{-t} - 1\right) t^{s-1} = \sum_{n=1}^{\infty} \frac{(-1)^n t^{n+s-1}}{n!}$$

이고 우변이 적분 구간 $0 \le t \le 1$에서 고르게 수렴하기 때문에 항별로 적분하여 원하는 결과를 얻는다. ■

영역 $\mathbb{C} \setminus \{0, -1, -2, \cdots\}$를 Ω로 나타내자. 명제 A.1의 우변에 있는 급수

$$\sum_{n=0}^{\infty} \frac{(-1)^n}{n!(s+n)}$$

이 Ω의 모든 콤팩트 부분집합에서 고르게 수렴한다는 것을 쉽게 확인할 수 있다. 그러므로 이 급수로 주어진 함수는 영역 Ω에서 해석적이며, 각 $n \in \{0, 1, 2, \cdots\}$에 대하여 점 $s = -n$에서 **주요 부분(principal part)**이 $\frac{(-1)^n}{n!(s+n)}$인 단순극(simple pole)[3]을 가진다.

3 『STEIN 복소해석학』에서는 simple pole을 **단극**, simple zero를 **단근**으로 번역하였으나, 이 책에서는 수학적 의미를 더 강조하여 **단순극**(simple pole), **단순영점**(simple zero)이라는 표현을 사용한다.

명제 A.2 모든 복소수 s에 대하여

$$\int_1^\infty e^{-t}t^{s-1}dt = \sum_{n=0}^\infty \left(\int_1^\infty \frac{(\ln t)^n}{te^t}dt\right)\frac{s^n}{n!}$$

이 성립한다.

증명

$t \geq 1$이면

$$e^{-t}t^{s-1} = \sum_{n=0}^\infty \frac{(s\ln t)^n}{n!te^t},$$

$$\sum_{n=0}^\infty \left|\frac{(s\ln t)^n}{n!te^t}\right| = e^{-t}t^{|s|-1}$$

이므로 [글 4–C]의 명제 C.5와 명제 C.6에 의하여 원하는 결과를 얻는다. ■

명제 A.2에서, 우변에 있는 멱급수가 평면 전체에서 수렴하기 때문에 좌변의 적분은 전해석함수를 나타낸다. 함수 $\widetilde{\Gamma} : \Omega \to \mathbb{C}$를

$$\widetilde{\Gamma}(s) = \sum_{n=0}^\infty \frac{(-1)^n}{n!(s+n)} + \int_1^\infty e^{-t}t^{s-1}dt$$

로 정의하면, $\widetilde{\Gamma}$는 Ω에서 해석적이고 평면 전체에서 유리형이며 $\operatorname{Re} s > 0$에 대해서 $\widetilde{\Gamma}(s) = \Gamma(s)$를 만족한다. 그러므로 $\widetilde{\Gamma}$는 반평면 $\operatorname{Re} s > 0$에 정의된 함수 Γ를 더 넓은 영역인 Ω로 확장시킨 것이다. 이것은 감마함수를 다른 방법으로 정의할 수 있음을 뜻한다. 즉 $s \neq 0,\ 1,\ 2,\ \cdots$ 에 대하여

$$\Gamma(s) = \sum_{n=0}^\infty \frac{(-1)^n}{n!(s+n)} + \int_1^\infty e^{-t}t^{s-1}dt$$

로 정의한 다음에 $\operatorname{Re} s > 0$에 대하여는 적분표현

$$\Gamma(s) = \int_0^\infty e^{-t}t^{s-1}dt$$

이 성립한다고 말해도 된다.

같은 맥락에서 상수 γ를

$$\gamma = \lim_{N\to\infty}\left(\sum_{n=1}^{N}\frac{1}{n} - \ln N\right)$$

로, 전해석함수 g를

$$g(s) = e^{\gamma s} s \prod_{n=0}^{\infty}\left(1+\frac{s}{n}\right)$$

로 둔 다음, $s \neq 0,\ 1,\ 2,\ \cdots$에 대하여 $\Gamma(s) = 1/g(s)$로 정의하고서 감마함수의 여러 성질을 유도할 수도 있다. 이렇게 하여 감마함수를 세 가지 방법으로 나타낼 수 있음을 알게 되었다. 이를 달리 말하면 감마함수라는 **수학적 대상**을 서로 다른 세 가지 측면에서 볼 수 있다는 것인데, 이렇게 함으로써 감마함수를 더 깊이 이해하게 된다.

제타함수에 대하여도 비슷한 일을 할 수 있다. 이를테면 함수 ψ와 전해석함수 h를 각각

$$\psi(u) = \sum_{n=1}^{\infty} e^{-n^2\pi u},$$

$$h(s) = \int_1^{\infty}\psi(u)u^{s/2}\frac{du}{u}$$

로 정의한 다음에 $s \neq 0,\ 1$에 대해서 $\zeta(s)$를

$$\zeta(s) = \frac{\pi^{s/2}}{\Gamma(s/2)}\left(\frac{1}{s(s-1)} + h(s) + h(1-s)\right)$$

로 **정의**하자. 이렇게 정의된 함수 ζ가 영역 $\mathbb{C}\setminus\{0,1\}$에서 해석적이라는 것이 자명한데 $s=0$에서 제거가능 특이점을 가지고 $s=1$에서는 유수가 1인 단순 극을 가진다는 사실을 바로 안다. 또한 감마함수의 성질로부터 $\mathrm{Re}\, s > 1$에 대해서

$$\zeta(s) = \sum_{n=1}^{\infty}\frac{1}{n^s}$$

이 성립하는 것도 쉽게 확인할 수 있다.

6–B 몇몇 전해석함수의 증가지수

6장 1절, 2절

[글 6–B]에서는 감마함수 또는 제타함수의 해석적 확장에 사용된 다음의 전해석함수 $f(s)$, $g(s)$, $h(s)$가 모두 증가지수 1이라는 사실을 설명한다.

$$f(s) = \int_1^\infty e^{-t} t^s \frac{dt}{t}, \quad g(s) = \frac{1}{\Gamma(s)}, \quad h(s) = \int_1^\infty \psi(u) u^{s/2} \frac{du}{u}$$

단, $\psi(u)$는 다음과 같다.

$$\psi(u) = \sum_{n=1}^\infty e^{-n^2 \pi u}$$

우선 f를 정의하는 적분에서 $x = \ln t$로 치환하여

$$f(s) = \int_0^\infty e^{-e^x + sx} dx$$

를 얻는다. $s \neq 0$일 때 $|s| = r$로 두면

$$|f(s)| \le f(r) = \int_0^\infty e^{-e^x + rx} dx$$

인데, $\frac{d}{dx}(-e^x + rx) = -e^x + r$로부터 피적분함수가 구간 $0 \le x \le \ln r$에서 증가하고 $\ln r \le x < \infty$에서 감소함을 안다. 또한

$$-e^x + rx = r \ln r - r - r \sum_{n=2}^\infty \frac{(x - \ln r)^n}{n!}$$

이므로 다음을 얻는다.

$$-e^x + rx \le \begin{cases} r \ln r - r & (0 \le x \le \ln r) \\ r \ln r - r - \frac{r}{2}(x - \ln r)^2 & (\ln r \le x < \infty) \end{cases}$$

따라서 다음 관계가 성립한다.

$$|f(s)| \le e^{r \ln r - r} \left(\int_0^{\ln r} dx + \int_{\ln r}^\infty e^{-r(x - \ln r)^2/2} dx \right) = e^{r \ln r - r} \left(\ln r + \sqrt{\frac{\pi}{2r}} \right)$$

각각의 $\rho > 1$에 대하여 $\lim_{r \to \infty} (-r^\rho + r \ln r - r - \ln \ln r) = -\infty$이므로 양수 r_0가 존재하여 $|s| \ge r_0$에 대하여 $|f(s)| \le e^{|s|^\rho}$이 성립함을 쉽게 안다. 이제

$A = \max\{|f(s)| + 1 : |s| \leq r_0\}$로 두면 모든 s에 대하여

$$|f(s)| \leq Ae^{|s|^\rho}$$

이 성립한다. [글 5–C]에서처럼

$$G_f = \left\{\rho > 0 : \exists A, B > 0 \text{ s.t. } \forall s \in \mathbb{C}\ |f(s)| \leq Ae^{B|s|^\rho}\right\}$$

로 정의하면 포함관계 $(1, \infty) \subset G_f$가 성립함을 바로 안다.

이제 $1 \notin G_f$, 즉

$$\forall A, B > 0\ \exists s \in \mathbb{C}\ |f(s)| > Ae^{B|s|}$$

임을 보이기 위해서 A, $B > 0$을 가정하자. 자명하게 $r > 0$에 대해서

$$|f(r)| = f(r) \geq \int_{e^{B+1}}^{\infty} e^{-t+(r-1)\ln t} dt \geq \int_{e^{B+1}}^{\infty} e^{-t+(r-1)(B+1)} dt$$

가 성립한다. 마지막 표현이

$$e^{r-e^{B+1}-B-1}e^{Br}$$

과 같다는 것을 쉽게 아는데,

$$\lim_{r\to\infty} e^{r-e^{B+1}-B-1} = \infty$$

이므로 부등식 $e^{r-e^{B+1}-B-1} > A$를 만족시키는 양수 r이 존재한다. 이로부터 부등식

$$|f(r)| > Ae^{Br}$$

을 만족시키는 양수 r이 존재하여 $1 \notin G_f$임을 증명하였다.

이상의 논의로부터 $G_f = (1, \infty)$를 얻는다. 그러므로 f의 증가지수는 정확히 1이다.

엄밀하게 말했을 때, 『STEIN 복소해석학』 6장 정리 1.6의 증명에서 보인 것은 g의 증가지수가 1을 넘지 않는다는 것이다. 한편 g의 증가지수가 1보다 작지 않다는 것은 5장 정리 2.1의 결과이다. 함수 g가 $s = 0$, -1, -2, $\cdots$ 에서 영점을 가지기

때문에, 만일 g의 증가지수가 1보다 작으면 5장 정리 2.1에 따라 $\sum n^{-1} < \infty$가 성립해야 된다. 그러나 $\sum n^{-1} = \infty$이므로, g의 증가지수는 1보다 작을 수 없다. 같은 사실을 관계식

$$g(s) = \frac{1}{\Gamma(s)} = \frac{\Gamma(1-s)\sin \pi s}{\pi}$$

를 이용하여 보일 수도 있다. $n = 1,\ 2,\ \cdots$에 대하여

$$g\left(-n + \frac{1}{2}\right) = \frac{\Gamma\left(n+\frac{1}{2}\right)}{\pi} \geq \frac{f\left(n+\frac{1}{2}\right)}{\pi}$$

이므로 f의 경우와 마찬가지로 $G_g = (1, \infty)$이다.

끝으로, $u \geq 1$에 대하여

$$e^{-\pi u} \leq \psi(u) = e^{-\pi u}\sum_{n=1}^{\infty} e^{-(n^2-1)\pi u} \leq \frac{e^{-\pi u}}{1-e^{-\pi}}$$

이 성립하므로 f의 경우와 비슷한 방법으로 $G_h = (1, \infty)$를 얻는다.

6-C 6장 명제 2.5, 명제 2.7의 상세한 증명

∞ 6장 2절

『STEIN 복소해석학』 6장 명제 2.5의 증명에서 평균값정리를 적용한다고 했는데, 사실은 평균값정리가 아니고 미적분학의 기본 정리이다. 또한 6장 명제 2.7의 내용이 다소 부정확하게 기술되어 있다. 관련된 사실을 설명한다.

우선 6장 명제 2.5의 증명에서

$$\left|\frac{1}{n^s} - \frac{1}{x^s}\right| \leq \frac{|s|}{n^{\sigma+1}} \quad (n \leq x \leq n+1;\ \sigma \geq -1)$$

이 함수 $f(x) = x^{-s}$에 평균값정리를 적용한 결과라는 말이 나오는데, 사실은 같은 함수에 미적분학의 기본 정리를 적용한 결과이다.

즉, $n \le x \le n+1$, $\sigma \ge -1$이면

$$\left|\frac{1}{n^s} - \frac{1}{x^s}\right| = \left|\int_n^x \frac{d}{dt}t^{-s}dt\right| = \left|\int_n^x -st^{-s-1}dt\right| \le |s|\int_n^x t^{-\sigma-1}dt \le |s|n^{-\sigma-1}$$

이다.

6장 명제 2.7을 정확하게 기술하면 다음과 같다.

다시 기술한 『STEIN 복소해석학』 6장 명제 2.7

$\sigma, t \in \mathbb{R}$, $s = \sigma + it$라고 하자.

(1) $0 < \epsilon < \sigma_0 \le 1$이면, 다음과 같은 양수 c가 존재한다.

$$\sigma \ge \sigma_0,\ |t| \ge 1 \quad \Longrightarrow \quad |\zeta(s)| \le c|t|^{1-\sigma_0+\epsilon}$$

(2) $0 < \epsilon < 1$이면, 다음과 같은 양수 C가 존재한다.

$$\sigma \ge 1,\ |t| \ge 2 \quad \Longrightarrow \quad |\zeta'(s)| \le C|t|^{\epsilon}$$

증명

우선 $\sigma \ge 2$에 대해서 다음이 성립함을 쉽게 안다.

$$|\zeta(s)| \le \sum_{n=1}^{\infty} \frac{1}{n^2}, \quad |\zeta'(s)| \le \sum_{n=1}^{\infty} \frac{\ln n}{n^2}$$

또한 $0 < \sigma \le 2$, $|t| \ge 1$에 대해서

$$|s| = |\sigma + it| \le |t|\left(1 + \frac{\sigma}{|t|}\right) \le 3|t|$$

가 성립하므로, 다음의 (3)과 (4)는 각각 (1)과 (2)를 함의한다.

(3) $0 < \epsilon < \sigma_0 \le 1$이면, 다음과 같은 양수 c가 존재한다.

$$\sigma \ge \sigma_0,\ |t| \ge 1 \quad \Longrightarrow \quad |\zeta(s)| \le c|s|^{1-\sigma_0+\epsilon}$$

(4) $0 < \epsilon < 1$이면, 다음과 같은 양수 C가 존재한다.

$$\sigma \ge 1,\ |t| \ge 2 \quad \Longrightarrow \quad |\zeta'(s)| \le C|s|^{\epsilon}$$

그러므로 (3)과 (4)가 성립함을 보이면 된다.

(3) 명제 (3)을 증명하기 위해서 $0 < \epsilon < \sigma_0 \leq 1$을 가정하자. $\delta = 1 - \sigma_0 + \epsilon$으로 두면 가정으로부터 $0 < \delta < 1$이 성립한다. $\sigma \geq \sigma_0$를 가정하면, 6장 명제 2.5에 따라 $|\delta_n(s)| \leq |s|/n^{\sigma+1} \leq |s|/n^{\sigma_0+1}$인데, 자명하게 부등식

$$|\delta_n(s)| \leq \int_n^{n+1} \left| \frac{1}{n^s} - \frac{1}{x^s} \right| dx \leq \frac{2}{n^\sigma} \leq \frac{2}{n^{\sigma_0}}$$

도 성립한다. $0 < \delta$, $1 - \delta < 1$이기 때문에

$$|\delta_n(s)| = |\delta_n(s)|^\delta \, |\delta_n(s)|^{1-\delta} \leq \left(\frac{|s|}{n^{\sigma_0+1}} \right)^\delta \left(\frac{2}{n^{\sigma_0}} \right)^{1-\delta} \leq \frac{2|s|^\delta}{n^{\delta+\sigma_0}}$$

이 성립하는데, $\delta = 1 - \sigma_0 + \epsilon$이기 때문에 마지막 표현이

$$\frac{2|s|^{1-\sigma_0+\epsilon}}{n^{1+\epsilon}}$$

과 같다. 이제 $\sigma \geq \sigma_0$, $|t| \geq 1$이면, 6장 따름정리 2.6에 의하여

$$|\zeta(s)| \leq \left| \frac{1}{s-1} \right| + 2|s|^{1-\sigma_0+\epsilon} \sum_{n=1}^{\infty} \frac{1}{n^{1+\epsilon}} \leq \left(1 + 2 \sum_{n=1}^{\infty} \frac{1}{n^{1+\epsilon}} \right) |s|^{1-\sigma_0+\epsilon}$$

을 얻는다. 이로써 (3)이 성립함을 안다.

(4) 명제 (4)를 증명하기 위해서 $0 < \epsilon < 1$을 가정하면

$$0 < \frac{\epsilon}{2} < 1 - \frac{\epsilon}{2} < 1$$

이다. $\sigma_0 = 1 - \frac{\epsilon}{2}$로 두면 $1 - \sigma_0 + \frac{\epsilon}{2} = \epsilon$이므로 (3)에 의하여 다음과 같은 양수 c가 존재한다.

$$\sigma \geq 1 - \frac{\epsilon}{2}, \ |t| \geq 1 \quad \Longrightarrow \quad |\zeta(s)| \leq c|s|^\epsilon$$

이제 $\mathrm{Re}\, s \geq 1$, $|\,\mathrm{Im}\, s| \geq 2$를 가정하고 $r = \epsilon/2$으로 두면 s가 중심이고 반지름이 r인 원이 영역 $\sigma \geq 1 - \frac{\epsilon}{2}$, $|t| \geq 1$에 포함된다. 또한 코시 적분 공식으로부터

$$\zeta'(s) = \frac{1}{2\pi r} \int_0^{2\pi} \zeta\left(s + re^{i\theta}\right) d\theta$$

인데, 이로부터

$$|\zeta'(s)| \leq \frac{c}{r}(|s|+r)^{\epsilon} = \frac{c}{r}\left(1+r|s|^{-1}\right)^{\epsilon}|s|^{\epsilon} \leq \frac{4c}{\epsilon}|s|^{\epsilon}$$

을 얻는다. 이로써 (4)를 증명하였다. ■

다시 기술한 6장 명제 2.7의 (1)에서 $\sigma_0 = 1$로 두면 다음을 얻는다.

(5) $0 < \epsilon < 1$이면 다음과 같은 양수 c가 존재한다.

$$\sigma \geq 1,\ |t| \geq 1 \quad \Longrightarrow \quad |\zeta(s)| \leq c|t|^{\epsilon}$$

매우 자명하게 $0 < \epsilon < \epsilon'$, $|t| \geq 1$이면 $|t|^{\epsilon} \leq |t|^{\epsilon'}$이므로, 이 명제는 다음과 동치이다.

(5) 각각의 양수 ϵ에 대해서 다음과 같은 양수 c가 존재한다.

$$\sigma \geq 1,\ |t| \geq 1 \quad \Longrightarrow \quad |\zeta(s)| \leq c|t|^{\epsilon}$$

한편 조건

$$\sigma \geq 1,\ |t| \geq 1 \quad \Longrightarrow \quad |\zeta(s)| \leq c|t|^{\epsilon}$$

을 만족시키는 양수 c가 존재한다는 것은 집합

$$\left\{\frac{|\zeta(s)|}{|t|^{\epsilon}} : \sigma \geq 1,\ |t| \geq 1\right\}$$

가 위로 유계라는 것을 뜻한다. 그러므로 다시 기술한 6장 명제 2.7의 (2)를 다음과 같이 기술해도 된다.

(2) 각각의 양수 ϵ에 대해서 집합

$$\{|\zeta'(s)||t|^{-\epsilon} : \sigma \geq 1,\ |t| \geq 2\}$$

가 위로 유계이다.

함수 ζ'이 반평면 $\sigma \geq 2$에서 유계이고 $\{s : 1 \leq \sigma \leq 2,\ 1 \leq |t| \leq 2\}$가 콤팩트 집합이므로 각각의 양수 ϵ에 대해서 집합

$$\left\{|\zeta'(s)||t|^{-\epsilon} : \sigma \geq 1,\ |t| \geq 1\right\}$$

도 위로 유계이다. 요컨대 각각의 양수 ϵ에 대해서 두 집합

$$\left\{|\zeta(s)||t|^{-\epsilon} : \sigma \geq 1,\ |t| \geq 1\right\}, \quad \left\{|\zeta'(s)||t|^{-\epsilon} : \sigma \geq 1,\ |t| \geq 1\right\}$$

이 모두 유계이다. 끝으로 언급할 내용은 $\zeta(\bar{s}) = \overline{\zeta(s)}$, $\zeta'(\bar{s}) = \overline{\zeta'(s)}$가 성립하므로 위의 두 집합이 각각

$$\left\{|\zeta(s)|t^{-\epsilon} : \sigma, t \geq 1\right\}, \quad \left\{|\zeta'(s)|t^{-\epsilon} : \sigma, t \geq 1\right\}$$

과 같다는 것이다.

6-D 극한이 감마함수로 주어지는 특이적분

6장 연습문제 3, 연습문제 7

『STEIN 복소해석학』 6장 첫 부분에 다음과 같은 내용이 있다. "감마함수는 수많은 계산에 등장하며 해석학에서 다루는 수많은 항등식에서 중요한 역할을 한다." 이에 해당하는 사례를 하나 소개한다.

『STEIN 복소해석학』 3장 연습문제 6은 $n = 1,\ 2,\ \cdots$ 에 대하여

$$\int_{-\infty}^{\infty} \frac{dx}{(1+x^2)^{n+1}} = \frac{1 \cdot 3 \cdot 5 \cdots (2n-1)}{2 \cdot 4 \cdot 6 \cdots (2n)} \cdot \pi$$

을 보이라는 것인데, 우변이 $\pi 2^{-2n}(2n)!(n!)^{-2}$과 같으므로 이 결과를

$$\int_{-\infty}^{\infty} \frac{dx}{(1+x^2)^{n+1}} = \frac{\pi\Gamma(2n+1)}{2^{2n}\Gamma(n+1)^2} \quad (n = 1, 2, \cdots)$$

또는

$$\int_{-\infty}^{\infty} \frac{dx}{(1+x^2)^n} = \frac{\pi\Gamma(2n-1)}{2^{2n-2}\Gamma(n)^2} \quad (n = 2, 3, \cdots)$$

으로 나타낼 수 있다. 한편, $u > 0$일 때 지수함수 u^s이 (모든 실수 s에 대해 성립하는 항등식 $u^s = e^{s \ln u}$을 통해) 자연스럽게 전해석함수로 확장된다. 이때 $|u^s| = u^{\mathrm{Re}\, s}$, $\frac{d}{ds}u^s = u^s \ln u$ 등이 성립한다. 적분 $\int_{-\infty}^{\infty}(1+x^2)^{-s}dx$가 절대수렴하는 복소수 s의 범위가 $\mathrm{Re}\, s > 1/2$인데, 같은 범위에서 함수 $2^{-2s+2}\Gamma(2s-1)\Gamma(s)^{-2}$이 해석적이다. 실제로 코시 정리, 항등정리, Γ 함수의 성질 등을 이용하여 다음 항등식이 성립함을 확인할 수 있다.

$$\int_{-\infty}^{\infty} \frac{dx}{(1+x^2)^s} = \frac{\pi\Gamma(2s-1)}{2^{2s-2}\Gamma(s)^2} \quad (\mathrm{Re}\, s > 1/2)$$

반평면 $\mathrm{Re}\, s > 1/2$이 영역이고 이 반평면에 놓인 열린 구간 $J = (1/2, 1)$의 각 점은 자신의 극한점이므로, $\mathrm{Re}\, s > 1/2$에서 해석적인 두 함수가 J에서 일치하면 항등정리에 따라 $\mathrm{Re}\, s > 1/2$ 전체에서 일치한다. 그러므로 위의 결과를 증명하려면 s의 함수인 좌변이 $\mathrm{Re}\, s > 1/2$에서 해석적이고(명제 D.1 참고), 또한 J에서 양변이 일치한다(명제 D.2, 명제 D.3 참고)는 것을 보이면 충분하다.

명제 D.1 $\mathrm{Re}\, s > 1/2$에 대하여 $\int_{-\infty}^{\infty}(1+x^2)^{-s}dx = I(s)$로 두면, 함수 I는 반평면 $\mathrm{Re}\, s > 1/2$에서 해석적이다.

증명

$\mathrm{Re}\, a > 1/2$을 가정하면 모든 자연수 n에 대하여

$$\int_{-\infty}^{\infty} (1+x^2)^{-a} \left(\ln(1+x^2)\right)^n dx$$

가 절대수렴한다. 이제 $c_n = (-1)^n \int_{-\infty}^{\infty}(1+x^2)^{-a}\left(\ln(1+x^2)\right)^n dx$로 두고

$$I(a+h) = \sum_{n=0}^{\infty} \frac{c_n}{n!}h^n \quad \left(|h| < \mathrm{Re}\, a - \frac{1}{2}\right)$$

을 증명한다. 이를 위하여 $|h| < \mathrm{Re}\, a - \frac{1}{2}$을 가정하면, $\mathrm{Re}(a+h) > 1/2$이 성립하므로 좌변이 잘 정의되고, 또한

$$\begin{aligned}
I(a+h) &= \int_{-\infty}^{\infty} (1+x^2)^{-(a+h)} dx \\
&= \int_{-\infty}^{\infty} (1+x^2)^{-a} e^{-h\ln(1+x^2)} dx \\
&= \int_{-\infty}^{\infty} (1+x^2)^{-a} \sum_{n=0}^{\infty} \frac{(-h)^n \left(\ln(1+x^2)\right)^n}{n!} dx
\end{aligned}$$

를 얻는데, 마지막 표현에서 적분과 합의 순서를 바꾸어 원하는 결과를 얻는다. 이것이 가능한 까닭은

$$\left| (1+x^2)^{-a} \frac{(-h)^n \left(\ln(1+x^2)\right)^n}{n!} \right| \leq (1+x^2)^{-\operatorname{Re} a} \frac{|h|^n \left(\ln(1+x^2)\right)^n}{n!}$$

이고, 따라서

$$\sum_{n=0}^{\infty} \left| (1+x^2)^{-a} \frac{(-h)^n \left(\ln(1+x^2)\right)^n}{n!} \right| \leq (1+x^2)^{-\operatorname{Re} a + |h|}$$

인데 $\int_{-\infty}^{\infty} (1+x^2)^{-\operatorname{Re} a+|h|} dx < \infty$ 이기 때문이다. ■

명제 D.2 $1/2 < s < 1$ 에 대하여

$$2\sin\pi s \int_1^{\infty} (x^2-1)^{-s} dx = \frac{\pi\Gamma(2s-1)}{2^{2s-2}\Gamma(s)^2}$$

이 성립한다.

증명

$x^2 = t^{-1}$ 으로 치환하면 $x = 1, \infty$ 가 각각 $t = 1, 0$ 에 해당하고 $dx = dt^{-1/2} = -\frac{1}{2}t^{-3/2}dt$ 이다. 따라서

$$\begin{aligned}
\int_1^{\infty} (x^2-1)^{-s} dx &= \frac{1}{2} \int_0^1 (t^{-1}-1)^{-s} t^{-3/2} dt \\
&= \frac{1}{2} \int_0^1 t^{s-\frac{3}{2}} (1-t)^{-s} dt \\
&= \frac{1}{2} \int_0^1 t^{(s-\frac{1}{2})-1} (1-t)^{(1-s)-1} dt
\end{aligned}$$

$$= \frac{\Gamma(s-\frac{1}{2})\Gamma(1-s)}{2\Gamma(\frac{1}{2})}$$

$$= \frac{\Gamma(s-\frac{1}{2})\Gamma(1-s)}{2\sqrt{\pi}}$$

이다. 여기서 네 번째 등식은 『STEIN 복소해석학』 6장 연습문제 7의 결과이다.

끝으로, 『STEIN 복소해석학』 6장 연습문제 3의 결과인 항등식

$$\Gamma(s) = \frac{\sqrt{\pi}\,\Gamma(2s)}{2^{2s-1}\Gamma\left(s+\frac{1}{2}\right)}$$

에서 s에 $s-\frac{1}{2}$을 대입하여

$$\Gamma\left(s-\frac{1}{2}\right) = \frac{\sqrt{\pi}\,\Gamma(2s-1)}{2^{2s-2}\Gamma(s)}$$

을 얻고, 항등식 $\Gamma(s)\Gamma(1-s) = \pi/\sin\pi s$는

$$\Gamma(1-s) = \frac{\pi}{\Gamma(s)\sin\pi s}$$

와 같기 때문에

$$2\sin\pi s\frac{\Gamma(s-\frac{1}{2})\Gamma(1-s)}{2\sqrt{\pi}} = \frac{\pi\Gamma(2s-1)}{2^{2s-2}\Gamma(s)^2}$$

을 얻어서 증명이 끝났다. ■

명제 D.3 $1/2 < s < 1$에 대하여

$$\int_{-\infty}^{\infty}\frac{dx}{(1+x^2)^s} = 2\sin\pi s\int_1^{\infty}(x^2-1)^{-s}dx$$

가 성립한다.

같은 **정신**에서 비롯되었으나 **형식**이 다른 두 가지 증명을 소개한다. 반평면 $\mathrm{Im}\,z > -1$을 H로 나타내자. 즉, $H = \{z \in \mathbb{C} : \mathrm{Im}\,z > -1\}$이다. 두 증명은 모두

$$\lim_{R\to\infty}\lim_{\epsilon\to 0}\left(\int_{-R}^{R}\frac{dx}{(1+x^2)^s}-2\sin\pi s\int_{\epsilon}^{R}(x^2-1)^{-s}dx\right)=0$$

을 보이기 위해 반평면 H에 놓여 있는 폐곡선을 이용한다.

명제 D.3의 증명 ①

$1/2 < s < 1$을 가정하자. **로그의 주치(principal value of logarithm)** Log는 $\mathbb{C}\setminus(-\infty,0]$에서 해석적이고 모든 $z\in\mathbb{C}\setminus(-\infty,0]$에 대하여 $e^{\mathrm{Log}\,z}=z$를 만족시키며, 이에 더하여 $\mathrm{Log}\,1=0$을 만족시키는 유일한 함수이다.

곡선 A_δ의 도착점과 B_δ의 출발점을 각각 a, b로, 곡선 C_δ의 출발점과 도착점을 각각 c, d로 나타내자. 즉 $a = Re^{i(\frac{\pi}{2}-\delta)}$, $b = Re^{i(\frac{\pi}{2}+\delta)}$, $c = i+\epsilon e^{i(\frac{\pi}{2}-\delta)}$, $c=i+\epsilon e^{i(\frac{\pi}{2}+\delta)}$이다. 곡선 A_δ와 B_δ는 원 $|z|=R$을 따라 반시계방향으로 진행하는데 각각 R에서 a까지, b에서 $-R$까지 움직인다. 한편 C_δ는 원 $|z-i|=\epsilon$을 따라 시계방향으로 움직이는데 c에서 출발해서 d에 이른다. 여섯 개의 곡선 $[-R,R]$, A_δ, $[a,c]$, C_δ, $[d,b]$, B_δ를 차례로 이으면 Ω에 놓인 폐곡선이 된다는 것을 바로 안다. 그러므로 이 곡선들을 따른 f의 선적분 값을 모두 합하면 0이다.

선분 $[i(1+\epsilon),iR]$은 영역 Ω의 경계에 포함되는데, $z\in[i(1+\epsilon),iR]$에 대해서 다음이 성립한다.

$$\lim_{\substack{\zeta\to z\\ \mathrm{Re}\,\zeta>0}} f(\zeta) = |1+z^2|^{-s}e^{-i\pi s},$$

$$\lim_{\substack{\zeta\to z\\ \mathrm{Re}\,\zeta<0}} f(\zeta) = |1+z^2|^{-s}e^{i\pi s}$$

이 극한을 각각 $f_+(z)$, $f_-(z)$로 표기하면 f_+와 f_-는 $[i(1+\epsilon),iR]$에서 연속이며

$$\lim_{\delta\to 0+}\int_{[a,c]} f(z)dz = \int_{[iR,i(1+\epsilon)]} f_+(z)dz = -ie^{-i\pi s}\int_{1+\epsilon}^{R}(x^2-1)^{-s}dx,$$

$$\lim_{\delta\to 0+}\int_{[d,b]} f(z)dz = \int_{[i(1+\epsilon),iR]} f_-(z)dz = ie^{i\pi s}\int_{1+\epsilon}^{R}(x^2-1)^{-s}dx$$

가 성립한다.

한편 $0 < \delta < \pi/2$에 대하여

$$\int_{A_\delta} f(z)dz = \int_0^{\frac{\pi}{2}-\delta} f(Re^{i\theta})iRe^{i\theta}d\theta$$

인데, 피적분함수가 $0 \le \theta < \pi/2$에서 연속이고 $\theta \to \frac{\pi}{2}-$에 따른 피적분함수의 극한이 $-Rf_+(iR)$이므로 $\delta \to 0+$에 따른 $\int_{A_\delta} f(z)dz$의 극한이 존재한다. 이 극한을 $\int_{A_0} f(z)dz$로 나타내면

$$\left|\int_{A_0} f(z)dz\right| \le \frac{\pi}{2}R(R^2-1)^{-s}$$

을 바로 안다. 마찬가지로 $\delta \to 0+$에 따른 $\int_{B_\delta} f(z)dz$, $\int_{C_\delta} f(z)dz$의 극한도 존재하며 그것을 각각 $\int_{B_0} f(z)dz$, $\int_{C_0} f(z)dz$로 나타내면

$$\begin{aligned}\left|\int_{B_0} f(z)dz\right| &\le \frac{\pi}{2}R(R^2-1)^{-s},\\ \left|\int_{C_0} f(z)dz\right| &\le 2\pi\epsilon^{1-s}\end{aligned}$$

이 성립한다.

이상의 논의로부터

$$\begin{aligned}\int_{-R}^{R}(1+x^2)^{-s}dx =& -\left[\int_{A_0} f(z)dz + \int_{[iR,i(1+\epsilon)]} f_+(z)dz + \int_{C_0} f(z)dz\right.\\ &\left.+\int_{[i(1+\epsilon),iR]} f_-(z)dz + \int_{B_0} f(z)dz\right]\\ =& -i\left(e^{i\pi s}-e^{-i\pi s}\right)\int_{1+\epsilon}^{R}(x^2-1)^{-s}dx\\ &-\left[\int_{A_0} f(z)dz + \int_{B_0} f(z)dz + \int_{C_0} f(z)dz\right]\end{aligned}$$

및

$$\lim_{R\to\infty}\int_{A_0} f(z)dz = \lim_{R\to\infty}\int_{B_0} f(z)dz = \lim_{\epsilon\to 0}\int_{C_0} f(z)dz = 0$$

을 얻어서 명제의 증명이 끝났다. ■

명제 D.3의 증명 ②

이 증명은 로그의 주치 대신에 서로 다른 영역에 정의된 두 개의 로그함수를 이용한다. $\log_U$와 $\log_V$를 각각 다음과 같이 정의하자.

$$\log_U(re^{i\theta}) = \ln r + i\theta \quad (r > 0;\ -\pi/2 < \theta < 3\pi/2)$$

$$\log_V(re^{i\theta}) = \ln r + i\theta \quad (r > 0;\ -3\pi/2 < \theta < \pi/2)$$

그러므로 $\log_U$와 $\log_V$는 각각 $U = \mathbb{C} \setminus \{it : t \le 0\}$과 $V = \mathbb{C} \setminus \{it : t \ge 0\}$에서 해석적인 로그함수인데, $\operatorname{Re} w > 0$에 대해서는 $\log_U w = \log_V w = \operatorname{Log} w$이고 $\operatorname{Re} w < 0$에 대해서는 $\log_U w = 2\pi + \log_V w$이다. $\Omega_U = \{z \in H : 1 + z^2 \in U\}$, $\Omega_V = \{z \in H : 1 + z^2 \in V\}$로 두면 $\Omega_U = H \setminus \{t + i\sqrt{1+t^2} : t \le 0\}$, $\Omega_V = H \setminus \{t + i\sqrt{1+t^2} : t \ge 0\}$을 쉽게 확인할 수 있다. 이제 $1/2 < s < 1$을 가정하고 $z \in \Omega_U$에 대해서 $f_U(z) = e^{-s\log_U(1+z^2)}$, $z \in \Omega_V$에 대해서 $f_V(z) = e^{-s\log_V(1+z^2)}$로 두면, f_U와 f_V는 각각 Ω_U와 Ω_V에서 해석적이고 $\{z \in H : (\operatorname{Im} z)^2 < 1 + (\operatorname{Re} z)^2\}$에서 f_U와 f_V 값이 일치하며 $\{z \in H : (\operatorname{Im} z)^2 > 1 + (\operatorname{Re} z)^2\}$에서는 $f_U = e^{-2\pi si} f_V$이다. 특별히 $x \in \mathbb{R}$에 대해서는 $f_U(x) = f_V(x) = (1+x^2)^{-s}$이고, $y > 1$에 대해서는 $f_U(iy) = e^{-i\pi s}(y^2-1)^{-s}$, $f_V(iy) = e^{i\pi s}(y^2 - 1)^{-s}$이다.

두 영역 Ω_U, Ω_V에 각각 포함되는 적분경로를 기술하기 위해서 $0 < \epsilon < 1$, $1 + \epsilon < R$을 가정한 다음, 곡선 A, B, C_U, C_V를 다음과 같이 정의하자.

- $A:\ z = Re^{i\theta}, \quad 0 \le \theta \le \pi/2$
- $B:\ z = Re^{i\theta}, \quad \pi/2 \le \theta \le \pi$
- $C_U:\ z = i + \epsilon e^{-i\theta}, \quad -\pi/2 \le \theta \le \pi/2$
- $C_V:\ z = i + \epsilon e^{-i\theta}, \quad \pi/2 \le \theta \le 3\pi/2$

다섯 개의 곡선 $[0, R]$, A, $[iR, i(1+\epsilon)]$, C_U, $[i(1-\epsilon), 0]$을 차례로 이으면 영역 Ω_U에 놓인 폐곡선이 되므로 이 곡선들을 따른 f_U의 선적분 값을 모두 합하면 0이다. 같은 까닭으로 $[-R, 0]$, $[0, i(1-\epsilon)]$, C_V, $[i(1+\epsilon), iR]$, B를 따른 f_V의 선적분 값을 모두 합한 것도 0이다.

한편, $\{z \in H : (\mathrm{Im}\, z)^2 < 1 + (\mathrm{Re}\, z)^2\}$에서 f_U와 f_V 값이 일치하고 $x \in \mathbb{R}$에 대해서 $f_U(x) = f_V(x) = (1+x^2)^{-s}$이기 때문에

$$\int_{[-R,0]} f_V(z)dz + \int_{[0,R]} f_U(z)dz = \int_{-R}^{R} (1+x^2)^{-s} dx$$

및

$$\int_{[i(1-\epsilon),0]} f_U(z)dz + \int_{[0,i(1-\epsilon)]} f_V(z)dz = 0$$

을 얻고, $y > 1$에 대해서 $f_U(iy) = e^{-i\pi s}(y^2-1)^{-s}$, $f_V(iy) = e^{i\pi s}(y^2-1)^{-s}$이기 때문에

$$\int_{[iR,i(1+\epsilon)]} f_U(z)dz + \int_{[i(1+\epsilon),iR]} f_V(z)dz = i\left(e^{i\pi s} - e^{-i\pi s}\right) \int_{1+\epsilon}^{R} (y^2-1)^{-s} dy$$

를 얻는다. 끝으로 명제 D.3의 증명 ①에서와 같은 방법으로

$$\begin{aligned} \lim_{R\to\infty} \int_A f_U(z)dz &= \lim_{R\to\infty} \int_B f_V(z)dz \\ &= \lim_{\epsilon\to 0} \int_{C_U} f_U(z)dz = \lim_{\epsilon\to 0} \int_{C_V} f_V(z)dz = 0 \end{aligned}$$

을 쉽게 보일 수 있으므로, 원하는 결과를 얻는다. ■

7

제타함수와 소수정리

The Zeta Function and Prime Number Theorem

7-A 7장 명제 1.6의 자세한 증명

7-B 7장 명제 2.1에 관련된 내용

7-C 절대수렴하는 이중급수

7장은 소수정리의 증명에 관련된 몇몇 내용을 보충 설명한다. 또한 『STEIN 복소해석학』 7장 3절 '이중급수에 대한 참고사항'의 내용을 보완한다.

7–A 7장 명제 1.6의 자세한 증명

7장 1.1절

복소수 s의 실수부와 허수부를 각각 σ와 t로 나타낸다. 즉 $\sigma, t \in \mathbb{R}$이고 $s = \sigma + it$이다. 『STEIN 복소해석학』 6장 명제 2.7은 반평면 $\{\sigma + it : \sigma \geq 1,\ t \in \mathbb{R}\}$에서 함수 ζ와 ζ'의 행동에 관련된 것인데 [글 6–C]에서 알아 보았듯이 각각의 양수 ϵ에 대해서 두 집합

$$\left\{|\zeta(\sigma + it)|t^{-\epsilon} : \sigma, t \geq 1\right\}, \quad \left\{|\zeta'(\sigma + it)|t^{-\epsilon} : \sigma, t \geq 1\right\}$$

이 위로 유계라는 사실을 함의한다. 『STEIN 복소해석학』 7장 명제 1.6은 같은 반평면에서 $1/\zeta$의 행동에 관한 것이다. 이 명제를 뜻이 더 분명하게 기술하면 다음과 같다.

『STEIN 복소해석학』 7장 명제 1.6
각각의 $\epsilon > 0$에 대하여 다음과 같은 양수 c_ϵ이 존재한다.

$$\sigma \geq 1,\ |t| \geq 1 \quad \Longrightarrow \quad \left|\frac{1}{\zeta(s)}\right| \leq c_\epsilon |t|^\epsilon$$

이 명제를 몇 단계로 나누어서 증명한다. 명제의 내용은 각각의 $\epsilon > 0$에 대하여 집합

$$\left\{\frac{t^{-\epsilon}}{|\zeta(s)|} : \sigma, t \geq 1\right\}$$

이 위로 유계라는 말과 동치이다. 반평면 $\sigma \geq 3$에 속하는 모든 s에 대하여

$$|\zeta(s)| \geq 1 - \left|\sum_{n=2}^{\infty} n^{-s}\right| \geq 1 - \sum_{n=2}^{\infty} n^{-3} \geq 1 - \int_{x=1}^{\infty} x^{-3}dx = \frac{1}{2}$$

이 성립하기 때문에, 각각의 $\epsilon > 0$에 대하여 집합

$$\left\{\frac{t^{-\epsilon}}{|\zeta(s)|} : 1 \le \sigma \le 3,\ t \ge 1\right\}$$

이 위로 유계임을 보여도 된다. 한편 제타함수가 반평면 $\sigma \ge 1$에서 영점을 가지지 않고 또한 $s = 1$에서 극을 가지기 때문에 함수 $1/\zeta$는 반평면 $\sigma \ge 1$의 각 점에서 해석적이다. 따라서 모든 $t_1 > 1$에 대해서 집합

$$\left\{|\zeta(s)|^{-1} : 1 \le \sigma \le 3,\ 1 \le t \le t_1\right\}$$

이 위로 유계이다. 그러므로 각각의 $\epsilon > 0$에 대하여 상수 $t_\epsilon > 1$이 존재하여, 집합

$$\left\{\frac{t^{-\epsilon}}{|\zeta(s)|} : 1 \le \sigma \le 3,\ t \ge t_\epsilon\right\}$$

이 위로 유계임을 보여도 된다.

지금부터 ϵ이 고정된 양수라고 가정한다. 『STEIN 복소해석학』 7장 명제 1.6은 다음 명제의 결과이다.

명제 A.1 집합

$$\left\{\frac{t^{-4\epsilon}}{|\zeta(s)|} : 1 \le \sigma \le 3,\ t \ge t_\epsilon\right\}$$

이 위로 유계가 되도록 하는 상수 $t_\epsilon > 1$이 존재한다.

『STEIN 복소해석학』 6장 명제 2.7에 따라 $\{|\zeta(\sigma + it)|t^{-\epsilon} : \sigma, t \ge 1\}$과 $\{|\zeta'(\sigma + it)|t^{-\epsilon} : \sigma, t \ge 1\}$이 모두 위로 유계인데, 이 두 집합의 상한을 각각 c_0와 c_1으로 나타내자. 제타함수가 점 $s = 1$에서 유수 1인 단순극을 가지며 $0 < \sigma < \infty$에 대해서 $\zeta(\sigma) > 0$이기 때문에 집합 $\{(\sigma - 1)\zeta(\sigma) : 1 < \sigma \le 3\}$도 위로 유계이다. 이 집합의 상한을 c_2로 나타내자. 자명하게 c_0, c_1, c_2는 모두 양의 실수이다.

명제 A.2 다음과 같은 양수 c'이 존재한다.

$$1 \le \sigma \le 3,\ t \ge 1 \quad \Longrightarrow \quad |\zeta(\sigma + it)| \ge c'(\sigma - 1)^{3/4} t^{-\epsilon/4}$$

증명

『STEIN 복소해석학』 7장 따름정리 1.5에 의하여

$$|\zeta(\sigma+it)| \geq \zeta(\sigma)^{-3/4}|\zeta(\sigma+2it)|^{-1/4} \quad (\sigma > 1)$$

이다. c_0와 c_2가 각각 $\{|\zeta(\sigma+it)|t^{-\epsilon} : \sigma, t \geq 1\}$과 $\{(\sigma-1)\zeta(\sigma) : 1 < \sigma \leq 3\}$의 상한이기 때문에

$$\zeta(\sigma)^{-3/4}|\zeta(\sigma+2it)|^{-1/4} \geq (c_2(\sigma-1))^{3/4}\left(c_0(2t)^{\epsilon}\right)^{-1/4} \quad (\sigma > 1)$$

이다. $c' = c_2^{3/4}(c_0 2^{\epsilon})^{-1/4}$으로 두면 원하는 결과를 얻는다. ■

이제

$$A = \left(\frac{c'}{2c_1}\right)^4, \quad t_\epsilon = \left(\frac{A}{2}\right)^{\frac{1}{5\epsilon}} + 1, \quad E = \{\sigma + it : 1 \leq \sigma \leq 3,\ t \geq t_\epsilon\}$$

으로 두고 집합

$$\left\{\frac{t^{-4\epsilon}}{|\zeta(s)|} : s \in E\right\}$$

이 위로 유계임을 보이면 명제 A.1의 증명이 끝난다. 정의로부터 함의관계

$$t \geq t_\epsilon \quad \Longrightarrow \quad 1 < At^{-5\epsilon} + 1 < 3$$

이 성립함을 바로 안다. 그러므로 곡선 $C = \{\sigma + it : \sigma = At^{-5\epsilon} + 1,\ t \geq t_\epsilon\}$이 집합 E에 포함되며, 각각의 $s = \sigma + it \in E$에 대하여 s를 지나는 수평 선분 $[1+it, 3+it]$가 곡선 C와 정확히 한 점에서 만난다. 집합 E^+와 E^-를 각각

$$E^+ = \left\{s \in E : \sigma \geq At^{-5\epsilon} + 1\right\}, \quad E^- = \left\{s \in E : \sigma < At^{-5\epsilon} + 1\right\}$$

로 정의하자. 자명하게 $E = E^+ \cup E^-$이므로 명제 A.1은 다음의 명제 A.3과 명제 A.4의 결과이다.

명제 A.3 각각의 $s \in E^+$에 대하여 다음이 성립한다.

$$\frac{t^{-4\epsilon}}{|\zeta(s)|} \leq \left(c' A^{3/4}\right)^{-1}$$

증명

$\sigma + it \in E^+$ 를 가정하면, 명제 A.2에 의하여

$$|\zeta(\sigma + it)| \geq c'(\sigma - 1)^{3/4} t^{-\epsilon/4} \geq c' \left(At^{-5\epsilon}\right)^{3/4} t^{-\epsilon/4} = c' A^{3/4} t^{-4\epsilon}$$

이다. ■

> **명제 A.4** 각각의 $s \in E^-$ 에 대하여 다음이 성립한다.
>
> $$\frac{t^{-4\epsilon}}{|\zeta(s)|} \leq \left(\frac{c'}{2} A^{3/4}\right)^{-1}$$

증명

우선, A의 정의로부터

$$c' A^{3/4} - c_1 A = \frac{c'}{2} A^{3/4}$$

이다. $\sigma + it \in E^-$ 를 가정하고 $\sigma' = At^{-5\epsilon} + 1$로 두면, $\sigma' + it$가 E^+의 점이기 때문에 명제 A.3에 의하여

$$|\zeta(\sigma' + it)| \geq c' A^{3/4} t^{-4\epsilon}$$

이다. 이제 $0 < \sigma' - \sigma \leq At^{-5\epsilon}$ 이므로

$$\begin{aligned}
|\zeta(\sigma + it)| &\geq |\zeta(\sigma' + it)| - |\zeta(\sigma' + it) - \zeta(\sigma + it)| \\
&\geq |\zeta(\sigma' + it)| - \int_\sigma^{\sigma'} |\zeta'(u + it)| \, du \\
&\geq c' A^{3/4} t^{-4\epsilon} - (\sigma' - \sigma) c_1 t^{\epsilon} \\
&\geq c' A^{3/4} t^{-4\epsilon} - At^{-5\epsilon} c_1 t^{\epsilon} \\
&\geq \left(c' A^{3/4} - c_1 A\right) t^{-4\epsilon}
\end{aligned}$$

을 얻어서 증명이 끝났다. ■

7-B 7장 명제 2.1에 관련된 내용

∞ 7장 2절

『STEIN 복소해석학』 7장 첫 부분에 다음과 같은 체비셰프의 결과가 언급되었다. 즉 양수 x_0, A, B가 존재하여 함의관계

$$x \geq x_0 \implies A\frac{x}{\ln x} \leq \pi(x) \leq B\frac{x}{\ln x}$$

가 성립한다. 이 사실을 이용하면 『STEIN 복소해석학』 7장 명제 2.1에 관한 내용을 좀 더 체계적으로 이해할 수 있다.

양수 x가 주어졌을 때, x를 넘지 않는 소수의 로그값의 합을 $\theta(x)$로 나타낸다. 즉,

$$\theta(x) = \sum_{p \leq x} \ln p$$

이다. $x > 2$에 대하여

$$\theta(x) = \ln 2 + \int_2^x \ln t \, d\pi(t)$$

및

$$\psi(x) = \sum_{k=1}^{\lfloor \frac{\ln x}{\ln 2} \rfloor} \theta(x^{1/k})$$

이 성립한다. 이러한 θ와 ψ를 **체비셰프 함수(Tchebychev's function)**라고 부른다. 한편 로그 적분함수 li를

$$\mathrm{li}(x) = \int_2^x \frac{dt}{\ln t} \quad (x > 2)$$

로 정의한다. 로피탈 공식으로부터 $\mathrm{li}(x) \sim x/\ln x$를 바로 안다. 필요하다면 A를 조금 더 작은 값으로, B와 x_0를 더 큰 값으로 대체하여

$$x \geq x_0 \implies A\,\mathrm{li}(x) \leq \pi(x) \leq B\,\mathrm{li}(x)$$

도 성립한다고 가정할 수 있다.

명제 B.1 다음이 모두 동치이다.

(1) $\pi(x) \sim x/\ln x$ (2) $\pi(x) \sim \mathrm{li}(x)$

(3) $\theta(x) \sim x$ (4) $\psi(x) \sim x$

증명

(1) $\iff$ (2) $\mathrm{li}(x) \sim x/\ln x$ 이므로 성립한다.

(1) $\iff$ (3) $x > 2$를 가정하면, 부분적분 공식에 의하여

$$\theta(x) = \pi(x)\ln x - \int_2^x \frac{\pi(t)}{t}dt$$

이고, 따라서

$$\theta(x) = \pi(x)\ln x \left(1 - \frac{\int_2^x \frac{\pi(t)}{t}dt}{\pi(x)\ln x}\right)$$

이다. $x \geq x_0 > 2$를 가정하고

$$\int_2^{x_0} \frac{\pi(t)}{t}dt = C$$

로 두면

$$0 < \int_2^x \frac{\pi(t)}{t}dt = C + \int_{x_0}^x \frac{\pi(t)}{t}dt \leq C + B\int_{x_0}^x \frac{dt}{\ln t} \leq C + B\,\mathrm{li}(x)$$

이고, 따라서

$$0 < \frac{\int_2^x \frac{\pi(t)}{t}dt}{\pi(x)\ln x} \leq \frac{C + B\,\mathrm{li}(x)}{Ax} \qquad (x \geq x_0)$$

이다. $x \to \infty$에 따라 마지막 표현이 0으로 수렴하기 때문에 $\theta(x) \sim \pi(x)\ln x$가 성립한다. 이로부터

$$\frac{\theta(x)}{x} \sim \frac{\pi(x)\ln x}{x}$$

를 얻는데

$$\frac{\pi(x)\ln x}{x} = \frac{\pi(x)}{\frac{x}{\ln x}}$$

이므로 (1)과 (3)이 동치임을 안다.

(3) $\iff$ (4) $x > 2$에 대하여

$$0 < \theta(x) \le \psi(x) = \sum_{k=1}^{\lfloor \frac{\ln x}{\ln 2} \rfloor} \theta(x^{1/k}) \le \theta(x) + \frac{\ln x}{\ln 2}\theta(x^{1/2})$$
$$\le \psi(x) + \frac{\ln x}{\ln 2}\psi(x^{1/2})$$

이다. 이로부터

$$1 \le \frac{\psi(x)}{\theta(x)} \le 1 + \frac{\theta(x^{1/2})\ln x}{\theta(x)\ln 2} \quad 및 \quad 0 \le 1 - \frac{\theta(x)}{\psi(x)} \le \frac{\psi(x^{1/2})\ln x}{\psi(x)\ln 2}$$

를 얻어서 (3)과 (4)가 동치임을 안다. ■

7-C 절대수렴하는 이중급수

7장 3절

『STEIN 복소해석학』 7장 3절의 주제는 이중급수이고, 내용은 W. Rudin의 『Principles of Mathematical Analysis』 175–176p에 주어진 '정리 8.3'의 증명을 부연 설명한 것이다. [글 6–A]에서 언급한 것처럼 같은 수학적 대상을 서로 다른 여러 측면에서 살펴봄으로써 그 대상을 더 깊이 이해할 수 있는데, 이것은 **수학적 주제**에 대하여도 마찬가지이다. 이 글에서는 같은 주제를 T. Tao의 『Analysis I』[1] 8.2절에 주어진 관점에서 바라본다.

비어있지 않은 집합 X에 정의된 함수 $f : X \to [0, \infty)$가 주어졌을 때, X가 유한집합이면 $\sum_{x \in X} f(x)$의 뜻이 분명하다. 또한 $\sum_{x \in \varnothing} f(x) = 0$으로 두는 것이 자연스럽다. 집합 X의 유한 부분집합들의 모임을 $\mathcal{F}(X)$로 나타내고 집합

$$S(f) = \left\{ \sum_{x \in E} f(x) : E \in \mathcal{F}(X) \right\}$$

1 국내에는 『TAO 해석학 I』 (한빛아카데미, 2023)으로 소개되었다.

의 상한을 $\sum_{x\in X} f(x)$로 나타내자. 즉,

$$\sum_{x\in X} f(x) = \sup S(f)$$

이다. 위로 유계가 아닌 집합의 상한은 무한대로 정의한다. 모든 $x \in X$에 대하여 $0 \le f(x) \le g(x)$이고 $\sum_{x\in X} g(x) < \infty$이면, 자명하게 $\sum_{x\in X} f(x) < \infty$를 얻는다. 즉, **비교판정법**이 성립한다. $\phi : X \to X$가 일대일 대응이면, $E \in \mathcal{F}(X)$일 필요충분조건이 $\phi(E) \in \mathcal{F}(X)$이므로 $S(f) = S(f \circ \phi)$가 성립하고, 따라서

$$\sum_{x\in X} f(x) = \sum_{x\in X} (f \circ \phi)(x)$$

이다. 그러므로 합 $\sum_{x\in X} f(x)$는 **재배열**에 무관하다.

수열은 정의역이 $\mathbb{N} = \{0, 1, 2, \cdots\}$인 함수이다. a_0, a_1, a_2, $\cdots \ge 0$일 때, 두 표현 $\sum_{n=0}^{\infty} a_n$과 $\sum_{n\in\mathbb{N}} a_n$ 사이의 관계를 알아보자. 후자는 재배열에 무관한 값을 나타낸다. 전자는 수열 $\langle a_0 + a_1 + \cdots + a_n \rangle_{n=0}^{\infty}$의 극한인데, 이 수열이 단조증가 수열이기 때문에 극한은 수열의 항들로 이루어진 집합의 상한이다. 이 수열의 n번째 항인 $a_0 + a_1 + \cdots + a_n$은 $\mathbb{N}$의 유한 부분집합 가운데 특별한 것인 $\{0, 1, \cdots, n\}$의 각 원소 j에 대하여 이에 해당하는 함숫값 a_j를 모두 구하여 합한 것이다. 따라서 (더 작은 집합의 상한인) 전자는 (더 큰 집합의 상한인) 후자보다 클 수 없다. 한편 E가 $\mathbb{N}$의 유한 부분집합이면, $E \subset \{0, 1, \cdots, n\}$을 만족시키는 자연수 n이 존재하는데 a_0, a_1, $\cdots \ge 0$이므로 $\sum_{j\in E} a_j \le a_0 + a_1 + \cdots + a_n$이 성립한다. 즉 후자를 구할 때 사용되는 집합의 각 원소 $\sum_{j\in E} a_j$마다 전자를 구할 때 사용되는 집합의 원소인 $a_0 + a_1 + \cdots + a_n$이 존재하여 부등식 $\sum_{j\in E} a_j \le a_0 + a_1 + \cdots + a_n$이 성립한다. 이로부터 후자가 전자보다 클 수 없음을 안다. 이렇게 하여 전자와 후자가 일치함을 보였는데, 후자가 재배열에 무관하므로 양항급수의 합이 재배열에 무관함을 알게 되었다.

각각의 $(m, n) \in \mathbb{N} \times \mathbb{N}$에 대하여 $a_{mn} \ge 0$을 가정하고, 각각의 m에 대하여

$$b_m = \sum_{n=0}^{\infty} a_{mn} < \infty$$

임을 가정하면

$$\sum_{m=0}^{\infty} b_m = \sum_{(m,n)\in\mathbb{N}\times\mathbb{N}} a_{mn} = \sum_{k=0}^{\infty}\left(\sum_{m=0}^{k} a_{m(k-m)}\right) = \lim_{N\to\infty}\sum_{m=0}^{N}\sum_{n=0}^{N} a_{mn}$$

등등이 성립한다. 첫 번째 등식인 $\sum_{m=0}^{\infty} b_m = \sum_{(m,n)\in\mathbb{N}\times\mathbb{N}} a_{mn}$의 증명만 소개한다. 나머지 등식도 비슷한 방법으로 증명할 수 있다. $E \subset \mathbb{N}\times\mathbb{N}$이 유한집합이면, 자연수 N이 존재하여 E가 $\{0, 1, \cdots, N\} \times \{0, 1, \cdots, N\}$에 포함되는데

$$\sum_{(m,n)\in E} a_{mn} \leq \sum_{m=0}^{N}\sum_{n=0}^{N} a_{mn} \leq \sum_{m=0}^{N} b_m$$

이므로

$$\sum_{(m,n)\in\mathbb{N}\times\mathbb{N}} a_{mn} \leq \sum_{m=0}^{\infty} b_m$$

을 얻는다. 이제

$$\sum_{(m,n)\in\mathbb{N}\times\mathbb{N}} a_{mn} < \sum_{m=0}^{\infty} b_m$$

을 가정하고 모순을 얻어서 증명을 마친다. 우변이

$$\lim_{M\to\infty}\sum_{m=0}^{M} b_m$$

이므로 자연수 M이 존재하여

$$\sum_{(m,n)\in\mathbb{N}\times\mathbb{N}} a_{mn} < \sum_{m=0}^{M} b_m$$

이다. 이제 각각의 m에 대해서

$$b_m = \lim_{N\to\infty}\sum_{n=0}^{N} a_{mn}$$

이므로 합의 극한은 극한의 합이라는 사실로부터 자연수 N이 존재하여

$$\sum_{(m,n)\in\mathbb{N}\times\mathbb{N}} a_{mn} < \sum_{m=0}^{M}\sum_{n=0}^{N} a_{mn}$$

가 성립해야 되는데, 정의로부터 우변이 좌변보다 클 수 없기 때문에 모순이다.

이제 각각의 $(m, n) \in \mathbb{N} \times \mathbb{N}$에 대하여 $a_{mn} \in \mathbb{C}$를 가정하면

$$\sum_{(m,n)\in\mathbb{N}\times\mathbb{N}} |a_{mn}| = \sum_{m=0}^{\infty}\left(\sum_{n=0}^{\infty}|a_{mn}|\right) = \sum_{k=0}^{\infty}\left(\sum_{m=0}^{k}|a_{m(k-m)}|\right)$$

등등이 성립한다. 그러므로 이들 가운데 하나가 유한하면 나머지 것도 모두 유한하고 또한 같은 값이다. 이때, "주어진 이중급수가 절대수렴한다."라고 말하며 $\sum |a_{mn}| < \infty$로 표기한다.

지금부터 $\sum |a_{mn}| < \infty$임을 가정하고 관련된 내용을 살펴본다. 우선 모든 a_{mn}이 실수인 경우는

$$(a_{mn})^+ = \frac{|a_{mn}| + a_{mn}}{2}, \quad (a_{mn})^- = \frac{|a_{mn}| - a_{mn}}{2}$$

으로 두면

$$0 \le (a_{mn})^+, (a_{mn})^- \le |a_{mn}| \text{ 및 } a_{mn} = (a_{mn})^+ - (a_{mn})^-$$

가 성립한다. 비교판정법에 의하여 $\sum(a_{mn})^+ < \infty$, $\sum(a_{mn})^- < \infty$를 얻는데

$$\sum_{(m,n)\in\mathbb{N}\times\mathbb{N}} (a_{mn})^+ - \sum_{(m,n)\in\mathbb{N}\times\mathbb{N}} (a_{mn})^- = \sum_{(m,n)\in\mathbb{N}\times\mathbb{N}} a_{mn}$$

으로 나타내면

$$\begin{aligned}\sum_{(m,n)\in\mathbb{N}\times\mathbb{N}} a_{mn} &= \sum_{m=0}^{\infty}\left(\sum_{n=0}^{\infty} a_{mn}\right)\\ &= \sum_{n=0}^{\infty}\left(\sum_{m=0}^{\infty} a_{mn}\right) = \sum_{k=0}^{\infty}\left(\sum_{m=0}^{k} a_{m(k-m)}\right)\end{aligned}$$

등등이 성립한다. 또한 $\phi : \mathbb{N} \to \mathbb{N} \times \mathbb{N}$이 일대일 대응이면

$$\sum_{(m,n)\in\mathbb{N}\times\mathbb{N}} a_{mn} = \sum_{k=0}^{\infty} a_{\phi(k)}$$

이다. 끝으로 a_{mn}이 복소수인 경우는 $0 \le |\operatorname{Re} a_{mn}|, |\operatorname{Im} a_{mn}| \le |a_{mn}|$이므로

비교판정법에 의하여 $\sum \operatorname{Re} a_{mn}$ 과 $\sum \operatorname{Im} a_{mn}$ 이 절대수렴한다. 그러므로

$$\sum_{(m,n)\in\mathbb{N}\times\mathbb{N}} \operatorname{Re} a_{mn} + i \sum_{(m,n)\in\mathbb{N}\times\mathbb{N}} \operatorname{Im} a_{mn} = \sum_{(m,n)\in\mathbb{N}\times\mathbb{N}} a_{mn}$$

으로 두면 a_{mn} 이 실수일 때와 같은 결과를 얻는다.

등각사상
Conformal Mappings

8장은 리만 사상 정리의 증명에서 중요한 역할을 하는 몽텔 정리를 자세하게 설명한다. 『STEIN 복소해석학』 8장 4절에서 직관적으로 거의 자명한 몇몇 사실이 증명 없이 쓰였는데, 이 글에서 증명을 엄밀하게 소개한다.

8-A 몽텔 정리

8장 3.2절

몽텔 정리는 리만 사상 정리의 증명에서 결정적인 역할을 한다. 『STEIN 복소해석학』보다 조금 더 단순한 방법으로 몽텔 정리를 증명한다.

무한수열 $\langle a_n \rangle$이 주어졌다고 하자. $\langle a_{n(k)} \rangle$가 $\langle a_n \rangle$의 부분수열이라는 것은 조건 $n(1) < n(2) < \cdots$가 성립함을 뜻하는데 이 조건은 $E = \{n(1), n(2), \cdots\}$가 자연수로 이루어진 무한집합이라는 것을 함의한다. 한편 E가 자연수로 이루어진 무한집합이고 E의 모든 원소를 크기 순서로 나열한 것이 $n(1)$, $n(2)$, $\cdots$ 이면, 자명하게 $\langle a_{n(k)} \rangle$가 $\langle a_n \rangle$의 부분수열이다. 이 부분수열을 $\langle a_n \rangle_{n \in E}$로 나타내자. 즉, $E = \{n(1), n(2), \cdots\}$이고 $n(1) < n(2) < \cdots$ 일 때

$$\langle a_{n(k)} \rangle = \langle a_n \rangle_{n \in E}$$

이다. 요컨대 수열 $\langle a_n \rangle$이 주어졌을 때 각각의 부분수열을 자연수로 이루어진 무한집합으로 나타낼 수 있으며, 나타내는 방법이 유일하다. 물론 이것은 함수열에 대하여도 마찬가지이다. 이 표기법을 사용하면 경우에 따라 표현이 간결해진다.

집합 S에 정의된 함수열 $\langle f_n \rangle$이 주어졌다고 하자. 이때 각 $a \in S$에 대하여 집합 $\{f_1(a), f_2(a), \cdots\}$가 유계이면 함수열 $\langle f_n \rangle$이 (집합 S에서) **점별유계(pointwise bounded)**라고 한다.

명제 A.1 대각화 방법

셀 수 있는 집합 S에 정의된 복소함수열 $\langle f_n \rangle$이 점별유계이면, $\langle f_n \rangle$의 부분수열 가운데 S의 모든 점에서 수렴하는 수열이 있다.

증명

S의 모든 원소를 한 번씩 나열한 것이 a_1, a_2, $\cdots$ 라고 하자. 가정에 따라 복소수열 $\langle f_n(a_1) \rangle$이 유계이다. 유계 복소수열은 언제나 수렴하는 부분수열을 가지기 때문에 자연수로 이루어진 무한집합 E_1이 존재하여 부분수열 $\langle f_n(a_1) \rangle_{n \in E_1}$이 수렴한다. 즉

$$\exists c \in \mathbb{C} \quad \forall \epsilon > 0 \quad \exists N \quad \forall n \in E_1 \cap [N, \infty) \quad |f_n(a_1) - c| < \epsilon$$

이다. $\langle f_n(a_2) \rangle_{n \in E_1}$도 유계수열이기 때문에 E_1에 포함되는 무한집합 E_2가 존재하여 $\langle f_n(a_2) \rangle_{n \in E_2}$가 수렴한다. 이같은 과정을 반복하여 무한집합 E_1, E_2, $\cdots$를 차례로 얻는데, 각 k에 대하여 수열 $\langle f_n(a_k) \rangle_{n \in E_k}$가 수렴하고 또한 $E_{k+1} \subset E_k$이다.

이제 $k = 1$, 2, $\cdots$에 대해서 집합 E_k의 k번째 원소를 $n(k)$로 나타내자. 즉, E_k의 모든 원소를 한 번씩 나열한 것이 $n_1, n_2, \cdots$이고 $n_1 < n_2 < \cdots$일 때 $n(k) = n_k$이다. 각 k에 대하여 E_{k+1}이 E_k에 포함되기 때문에 E_{k+1}의 k번째 원소는 E_k의 k번째 원소인 $n(k)$보다 작을 수 없다. 그러므로 E_{k+1}의 $(k+1)$번째 원소인 $n(k+1)$은 $n(k)$보다 크다. 즉 $n(1) < n(2) < \cdots$이고, 따라서 $E = \{n(1), n(2), \cdots\}$가 무한집합이다. 또한 $n(k) \in E_k$, $n(k+1) \in E_{k+1} \subset E_k$, $n(k+2) \in E_{k+2} \subset E_{k+1} \subset E_k, \cdots$ 등등이 성립하므로

$$n(k), n(k+1), \cdots \in E_k$$

이다. 이로부터 각각의 k에 대하여 $\{n \in E : n \geq n(k)\} \subset E_k$가 성립함을 안다.

끝으로, 각 $a \in S$에 대해서 수열 $\langle f_n(a) \rangle_{n \in E}$이 수렴함을 보이기 위해 $a \in S$를 가정하자. 자연수 k가 존재하여 $a = a_k$이다. 수열 $\langle f_n(a_k) \rangle_{n \in E_k}$의 극한을 c로

나타내고 $\epsilon > 0$을 가정하면 자연수 N_0가 존재하여

$$\forall n \in E_k \cap [N_0, \infty) \quad |f_n(a_k) - c| < \epsilon$$

이다. $N = \max\{n(k), N_0\}$로 두고 $n \in E \cap [N, \infty)$를 가정하면 $n \in E_k \cap [N_0, \infty)$이고, 따라서 $|f_n(a) - c| = |f_n(a_k) - c| < \epsilon$이다. ■

몽텔 정리는 열린 집합 Ω에서 해석적인 함수로 이루어진 함수열 $\langle f_n \rangle$이 Ω의 콤팩트 집합에서 고르게 유계[1]이면, $\langle f_n \rangle$의 부분수열 가운데 각각의 콤팩트 집합 $K \subset \Omega$에서 고르게 수렴하는 것이 있다는 내용이다. 이를 증명하기 위해서 표기법을 하나 도입하면 편리하다. 실수부와 허수부가 모두 정수인 복소수의 집합을 $\mathcal{L}$로 표기하자. 즉, 다음과 같다.

$$\mathcal{L} = \{z \in \mathbb{C} : \text{Re}\, z, \text{Im}\, z \in \mathbb{Z}\}$$

또한 $k = 1, 2, \cdots$에 대해서 $\mathcal{L}_k = \{z \in \mathbb{C} : kz \in \mathcal{L}\}$로 두고, 이 집합들의 합집합 $\mathcal{L}_1 \cup \mathcal{L}_2 \cup \cdots$를 $\mathcal{L}_\infty$로 나타내자. 자명하게 $\mathcal{L}_\infty$는 실수부와 허수부가 모두 유리수인 복소수의 집합이다. 모든 $a \in \mathbb{C}$에 대해서 $\overline{D}(a; 2^{-1/2}) \cap \mathcal{L} \neq \varnothing$임을 쉽게 확인할 수 있다. 여기서 $\overline{D}(a; 2^{-1/2})$은 원판 $D(a; 2^{-1/2})$의 폐포를 나타낸다.

명제 A.2 복소수 a가 주어졌을 때, $R > 2^{-1/2}$을 가정하면

$$\forall z \in \overline{D}(a; R) \quad \exists b \in \overline{D}(a; R) \cap \mathcal{L} \quad \text{s.t.} \quad z \in \overline{D}(b; 2^{1/2})$$

이다.

증명

$z = a + re^{i\theta}$, $0 \leq r \leq R$을 가정하자. $0 \leq r \leq R - 2^{-1/2}$인 경우는 $D(z; 2^{-1/2})$이 $D(a; R)$에 포함되고, 또한 $D(z; 2^{-1/2}) \cap \mathcal{L} \neq \varnothing$이며, 따라서 $b \in \overline{D}(z; 2^{-1/2}) \cap \mathcal{L}$을 가정하면 $b \in \overline{D}(a; R) \cap \mathcal{L}$ 및 $z \in \overline{D}(b; 2^{-1/2}) \subset \overline{D}(b; 2^{1/2})$을 얻는다. 한편 $R - 2^{-1/2} \leq r \leq R$인 경우는 $w = a + (r - 2^{-1/2})e^{i\theta}$

1 즉, 각각의 콤팩트 집합 $K \subset \Omega$에 대하여 $\sup\{|f_n(z)| : n \in \mathbb{N},\ z \in K\} < \infty$이다.

으로 두면 $\overline{D}(z; 2^{-1/2}) \cap \mathcal{L}$의 점 b가 존재하여 $w \in \overline{D}(b; 2^{-1/2})$이고, 따라서 $|z-b| \le |z-w| + |w-b| \le 2^{-1/2} + 2^{-1/2} = 2^{1/2}$이다. ■

따름정리 복소수 a와 양의 정수 k가 주어졌을 때 $R > k^{-1}2^{-1/2}$을 가정하면

$$\forall z \in \overline{D}(a; R) \quad \exists b \in \overline{D}(a; R) \cap \mathcal{L}_k \quad \text{s.t.} \quad z \in \overline{D}(b; k^{-1}2^{1/2})$$

이다.

정리 A.3 몽텔 정리(Montel's theorem)
열린 집합 Ω에서 해석적인 함수로 이루어진 함수열 $\langle f_n \rangle$이 Ω의 콤팩트 집합에서 고르게 유계이면, $\langle f_n \rangle$의 부분수열 가운데 각각의 콤팩트 집합 $K \subset \Omega$에서 고르게 수렴하는 수열이 있다.

증명

우선 자명하게 함수열 $\langle f_n \rangle$이 Ω에서 점별유계이다. 또한 집합 $\mathcal{L}_\infty$가 셀 수 있기 때문에, 명제 A.1에 따라 $\langle f_n \rangle$의 부분수열 가운데 $\Omega \cap \mathcal{L}_\infty$의 각 점에서 수렴하는 것이 있다. 그것을 $\langle g_n \rangle$으로 나타내자. 각 $a \in \Omega$에 대하여 양수 R이 존재하여 $\langle g_n \rangle$이 원판 $D(a; R)$에서 고르게 수렴한다는 것을 보임으로써 증명을 마친다. $a \in \Omega$를 가정하면 $\overline{D}(a; 2R)$이 Ω에 포함되도록 하는 양수 R이 존재한다.

함수열 $\langle g_n \rangle$이 원판 $D(a; R)$에서 고르게 수렴한다는 것을 보이기 위해서 $\epsilon > 0$을 가정하자. $\overline{D}(a; 2R)$이 콤팩트 집합이기 때문에 $\langle f_n \rangle$이 $\overline{D}(a; 2R)$에서 고르게 유계이다. 따라서 $\langle g_n \rangle$도 $\overline{D}(a; 2R)$에서 고르게 유계이다. $M = \sup\{|g_n(z)| : z \in \overline{D}(a; 2R),\ n = 1, 2, \cdots\}$로 두면, 도함수에 대한 코시 적분 공식으로부터

$$|g_n'(z)| \le \frac{2M}{R} \quad (|z-a| \le R)$$

이다. 조건

$$R > k^{-1}2^{-1/2} \text{ 및 } k^{-1}2^{1/2} \times \frac{2M}{R} < \frac{\epsilon}{3}$$

을 만족시키는 양의 정수 k를 하나 선택하자. 집합 $\Omega \cap \mathcal{L}_\infty$의 각 점에서 수렴하는 함수열 $\langle g_n \rangle$은 $\Omega \cap \mathcal{L}_\infty$의 유한 부분집합인 $\overline{D}(a;R) \cap \mathcal{L}_k$에서 고르게 수렴한다. 따라서 자연수 N이 존재하여

$$\forall m, n \geq N \quad \forall b \in \overline{D}(a;R) \cap \mathcal{L}_k \quad |g_m(b) - g_n(b)| < \frac{\epsilon}{3}$$

이다. 이제 $z \in \overline{D}(a;R)$ 및 $m, n \geq N$을 가정하자. 명제 A.2의 따름정리에 의하여 $|z - b| \leq k^{-1}2^{1/2}$을 만족시키는 $b \in \overline{D}(a;R) \cap \mathcal{L}_k$가 존재한다. 따라서

$$|g_m(z) - g_m(b)| = \left| \int_{[b,z]} g_m'(\zeta) d\zeta \right| \leq |z - b| \times \frac{2M}{R} < \frac{\epsilon}{3}$$

이고, 마찬가지로

$$|g_n(z) - g_n(b)| < \frac{\epsilon}{3}$$

이다. 마지막으로 삼각부등식을 적용하여

$$|g_m(z) - g_n(z)| \leq |g_m(z) - g_m(b)| + |g_m(b) - g_n(b)| + |g_n(b) - g_n(z)| < \epsilon$$

을 얻어서 증명이 끝났다. ■

『STEIN 복소해석학』에서 증명한 내용[2]과 달리, 방금 한 증명에서는 대각화 방법을 한 번만 사용하였다.

8–B 8장 정리 4.2의 증명에 관련된 연속함수의 성질

8장 4.3절

연속함수의 일반적인 성질 가운데 『STEIN 복소해석학』 8장 정리 4.2의 증명과 관련 있는 성질을 알아본다. 연속함수 $H : A \to B$가 일대일 대응이고 역함수 H^{-1} :

2 『STEIN 복소해석학』 258–259p를 참고하라.

$B \to A$도 연속일 때, H를 A에서 B로 가는 **위상동형사상(homeomorphism)**이라고 부른다. 이때, A와 B가 서로 **위상동형**이라고 말한다. 등각동형(conformally equivalent)인 두 평면 영역은 위상동형이다. 한편 단위원판 $\mathbb{D}$와 전체 평면 $\mathbb{C}$는 위상동형이지만 등각동형은 아니다. 평면의 단위원을 보통 $\mathbb{T}$로 나타낸다. 즉, $\mathbb{T} = \{z \in \mathbb{C} : |z| = 1\}$이다. 함수 $f : [0, 2\pi) \ni t \mapsto e^{it} \in \mathbb{T}$는 연속이고 일대일 대응이지만, 그 역함수는 $1 \in \mathbb{T}$에서 불연속이다. 따라서 이 함수는 위상동형사상이 아니다. 이것은 함수 f가 영역 Ω에서 해석적이고 일대일이면 $f(\Omega)$도 영역이고 $f : \Omega \to f(\Omega)$가 등각동형이라는 사실과 대비된다. 이와 유사한 사실이 콤팩트 집합에 대하여 성립한다.

정리 B.1 함수 f가 콤팩트 집합 K에서 연속이고 일대일이면, 집합 $f(K)$도 콤팩트 집합이고 $f : K \to f(K)$가 위상동형사상이다.

증명

$f(K)$가 콤팩트 집합임을 보이기 위해서 $y_1, y_2, \cdots \in f(K)$를 가정하면, K의 수열 $\langle x_n \rangle$이 존재하여 모든 n에 대하여 $y_n = f(x_n)$이다. K가 콤팩트 집합이기 때문에 $\langle x_n \rangle$의 부분수열 가운데 수렴하는 것이 있다. 그것을 $\langle x_{n(k)} \rangle$로 표기하고 극한을 a로 표기하면 $a \in K$이고, f의 연속성으로부터 $y_{n(k)} \to f(a)$를 얻는다. 이렇게 하여 $\langle y_n \rangle$이 $f(K)$의 점으로 이루어진 수열이면 $\langle y_n \rangle$의 부분수열 가운데 $f(K)$의 한 점으로 수렴하는 것이 있음을 보였다.

이제 f의 역함수가 연속임을 보이기 위해서 $a, x_1, x_2, \cdots \in K$ 및

$$\lim_{n \to \infty} f(x_n) = f(a)$$

를 가정하자. 우리는 $\lim_{n \to \infty} x_n = a$를 보여야 된다. 귀류법으로 증명하기 위해 결론을 부정하면 $\langle x_n \rangle$의 부분수열 가운데 모든 항이 a와 일정 거리 이상 떨어져 있는 것이 있는데, K가 콤팩트 집합이기 때문에 그 부분수열은 K의 한 점으로 수렴하는 부분수열을 가진다. 이렇게 $\langle x_n \rangle$의 부분수열 가운데 모든 항이 a와 일정 거리 이상 떨어져 있는 것의 부분수열 가운데 K의 한 점으로 수렴하는 것을 $\langle x_{n(k)} \rangle$

로 표기하고 그 극한을 b로 표기하면 $b \in K$, $b \neq a$인데 f가 연속이고 일대일이기 때문에

$$
\begin{aligned}
f(a) = \lim_{n\to\infty} f(x_n) = \lim_{k\to\infty} f(x_{n(k)}) \\
= f(b) \neq f(a)
\end{aligned}
$$

를 얻어 모순이다. ■

정리 B.1이 일반적인 거리공간에 대해서도 성립함을 증명으로부터 바로 안다.

정리 B.2 Ω_1과 Ω_2가 영역이고 $f : \Omega_1 \to \Omega_2$가 위상동형사상일 때, Ω_1의 점으로 이루어진 수열 $\langle z_n \rangle$이 $a \in \partial\Omega_1$으로 수렴하면, 각각의 $b \in \Omega_2$에 대해서 양수 δ와 자연수 N이 존재하여

$$
n \geq N \quad \Longrightarrow \quad |f(z_n) - b| > \delta
$$

이다. 즉, $\langle f(z_n) \rangle$은 Ω_2에 놓여 있는 점으로 수렴할 수 없다. 그러므로 $\langle f(z_n) \rangle$이 수렴한다면 극한이 Ω_2의 경계에 놓여 있어야 한다.

증명

$b \in \Omega_2$를 가정하면 양수 δ가 존재하여 원판 $D(b;\delta)$의 폐포가 Ω_2에 포함된다. $f : \Omega_1 \to \Omega_2$가 위상동형사상이기 때문에 $f^{-1}\left(\overline{D}(b;\delta)\right)$가 Ω_1의 콤팩트 부분집합이다. $a \in \partial\Omega_1$이므로 $a \notin f^{-1}\left(\overline{D}(b;\delta)\right)$이다. 따라서 양수 ϵ이 존재하여 $D(a;\epsilon) \cap f^{-1}\left(\overline{D}(b;\delta)\right) = \varnothing$을 만족한다. 이제 $n \to \infty$에 따라 $z_n \to a$이기 때문에 자연수 N이 존재하여

$$
n \geq N \quad \Longrightarrow \quad z_n \notin f^{-1}\left(\overline{D}(b;\delta)\right) \quad \Longrightarrow \quad |f(z_n) - b| > \delta
$$

이다. ■

다음 정리는 『STEIN 복소해석학』 8장 보조정리 4.5와 같은 내용이다.

정리 B.3 F가 영역 Ω에 정의된 연속함수일 때, 각각의 $b \in \partial\Omega$에 대해서 극한 $\lim_{z\to b} F(z)$가 존재하면 F가 Ω의 폐포에서 연속인 함수로 확장된다. 확장된 함수를 $\widetilde{F}$로 나타내면

$$\widetilde{F}\left(\overline{\Omega}\right) \subset \overline{\left(\widetilde{F}(\Omega)\right)}$$

가 성립한다.

증명

함수 $\widetilde{F} : \overline{\Omega} \to \mathbb{C}$를 다음과 같이 정의하자.

$$\widetilde{F}(z) = \begin{cases} F(z) & (z \in \Omega) \\ \lim_{w\to z} F(w) & (z \in \partial\Omega) \end{cases}$$

자명하게, $\widetilde{F}$는 Ω의 각 점에서 연속이다. 그러므로 $\widetilde{F}$가 $\partial\Omega$의 각 점에서 연속임을 보이는 것이 남았다. $a \in \partial\Omega$ 및 $\epsilon > 0$을 가정하면 양수 δ가 존재하여

$$z \in \Omega \cap D(a;\delta) \quad \Longrightarrow \quad \left|F(z) - \widetilde{F}(a)\right| < \epsilon$$

이다. 이제 $z \in \overline{\Omega} \cap D(a;\delta)$를 가정하자. $z \in \Omega \cap D(a;\delta)$인 경우는

$$\left|\widetilde{F}(z) - \widetilde{F}(a)\right| = \left|F(z) - \widetilde{F}(a)\right| < \epsilon$$

이다. 한편 $z \in (\partial\Omega) \cap D(a;\delta)$인 경우는 Ω의 점으로 이루어진 수열 $\langle z_n \rangle$이 존재하여 $z = \lim_{n\to\infty} z_n$이고 $\widetilde{F}(z) = \lim_{n\to\infty} F(z_n)$이다. 자연수 N이 존재하여 모든 $n \geq N$에 대하여 $z_n \in D(a;\delta)$이고, 따라서 모든 $n \geq N$에 대하여 $z_n \in \Omega \cap D(a;\delta)$이며, 그러므로

$$\left|F(z_n) - \widetilde{F}(a)\right| < \epsilon \quad (n \geq N)$$

이다. 따라서

$$\left|\widetilde{F}(z) - \widetilde{F}(a)\right| = \left|\lim_{n\to\infty} F(z_n) - \widetilde{F}(a)\right| = \lim_{n\to\infty}\left|F(z_n) - \widetilde{F}(a)\right| \leq \epsilon$$

이다. 여기서 $\widetilde{F}(z) = \lim_{n\to\infty} F(z_n)$이기 때문에 첫 번째 등식이 성립한다. 이렇게 하여 $\widetilde{F}$가 연속임을 보였다. 끝으로 $\widetilde{F}$의 연속성으로부터 포함관계 $\widetilde{F}\left(\overline{\Omega}\right) \subset \overline{\left(\widetilde{F}(\Omega)\right)}$를 바로 얻는다. ■

이 정리에서 F가 일대일이더라도 확장된 함수 $\widetilde{F}$는 일대일이 아닌 경우가 있다. 이를테면 $\Omega = \{z \in \mathbb{C} : \operatorname{Im} z > 0\}$이고 $F(z) = z^2$이면 F가 Ω에서 일대일이지만 $\overline{\Omega}$에서는 일대일이 아니다. 다음 정리는 $F : \Omega_1 \to \Omega_2$가 정리 B.3의 조건을 만족시키는 위상동형사상일 때, 확장된 사상 $\widetilde{F} : \overline{\Omega}_1 \to \overline{\Omega}_2$가 위상동형사상일 조건에 관한 것이다.

정리 B.4 U와 V가 평면영역이고 $F : U \to V$가 위상동형사상이며 $G : V \to U$가 F의 역사상이라고 하자. 이때 F와 G가 모두 정리 B.3의 조건을 만족시키면 $\widetilde{F} : \overline{U} \to \overline{V}$와 $\widetilde{G} : \overline{V} \to \overline{U}$가 모두 위상동형사상이고 $\left(\widetilde{F}\right)^{-1} = \widetilde{G}$이다.

증명

정리 B.3에 의하여 $\widetilde{F} : \overline{U} \to \overline{V}$와 $\widetilde{G} : \overline{V} \to \overline{U}$가 모두 연속이다. 그러므로 모든 $z \in \overline{U}$에 대해서 $\widetilde{G}\left(\widetilde{F}(z)\right) = z$가 성립하고 또한 모든 $w \in \overline{V}$에 대해서 $\widetilde{F}\left(\widetilde{G}(w)\right) = w$가 성립함을 보이면 증명이 끝난다.

이를 위하여 $z \in \overline{U}$를 가정하면 U의 점으로 이루어져 있으며 z로 수렴하는 수열 $\langle z_n \rangle$이 있다. 모든 n에 대하여 $z_n \in U$이기 때문에, 모든 n에 대하여 $F(z_n) \in V$ 및 $z_n = G(F(z_n)) = \widetilde{G}\left(\widetilde{F}(z_n)\right)$이 성립한다. 따라서

$$\widetilde{G}\left(\widetilde{F}(z)\right) = \widetilde{G}\left(\widetilde{F}\left(\lim_{n\to\infty} z_n\right)\right) = \lim_{n\to\infty} \widetilde{G}\left(\widetilde{F}(z_n)\right) = \lim_{n\to\infty} z_n = z$$

이다. 모든 $w \in \overline{V}$에 대해서 $\widetilde{F}\left(\widetilde{G}(w)\right) = w$가 성립한다는 것도 같은 방법으로 증명한다. ■

8-C 8장 정리 4.2의 증명에 관련된, 영역의 경계에서 등각동형사상의 행동

8장 4.3절

[글 8–B]에서도 알아보았듯이, 주어진 등각동형사상 $F:\Omega_1 \to \Omega_2$가 언제나 위상동형사상 $\widetilde{F}:\overline{\Omega}_1 \to \overline{\Omega}_2$로 확장되는 것은 아니다. 『STEIN 복소해석학』 8장 정리 4.2는 이것이 가능할 조건에 관련된 것이다.

선분 유한개로 이루어진 단순 폐곡선을 **다각형**, 경계가 다각형인 단순연결영역을 **다각형 영역**이라고 부른다. 다각형 영역은 모두 유계이다. $F:\mathbb{D} \to P$가 등각동형사상이고 P가 다각형 영역이면, F가 위상동형사상 $\widetilde{F}:\overline{\mathbb{D}} \to \overline{P}$로 확장된다는 것이 『STEIN 복소해석학』 8장 정리 4.2의 내용이다. 이 정리의 증명에서 『STEIN 복소해석학』 8장 보조정리 4.3이 중요한 역할을 하는데, 이 보조정리의 증명에서 "$U=\{re^{i\theta}:0<r<R,\ \theta_1(r)<\theta<\theta_2(r)\}$이고 $f:U\to f(U)$가 등각동형사상이면

$$\text{Area } f(U)=\iint_U |f(x+iy)|^2 dxdy=\int_0^R \int_{\theta_1(r)}^{\theta_2(r)} \left|f'\left(re^{i\theta}\right)\right|^2 rd\theta dr$$

이 성립한다."는 **가정**을 하고 있다. 두 함수 θ_1, θ_2가 구간 $(0,R)$에서 연속이고 f가 U의 폐포를 포함하는 영역에서 해석적이면, 이것은 미적분학에서 배우는 치환적분 공식의 결과이다. 그렇지 않은 경우에는 이러한 치환적분 공식의 성립 여부가 썩 자명하지 않다. 한편 θ_1, θ_2가 연속일 때 영역의 넓이와 적분을 각각 2차원 르베그 측도와 적분으로 이해하면 치환적분 공식이 성립한다는 사실이 W. Rudin의 『Real and Complex Analysis』 7장에 증명되어 있다. 여기에서는 이 사실을 증명 없이 받아들이고 『STEIN 복소해석학』 8장 정리 4.2를 증명한다.

적당한 양수 α(단, $\alpha<\pi$)에 대해서 집합

$$\left\{re^{i\theta}:0<r<1,\ -\alpha<\theta<\alpha\right\}$$

와 닮은꼴인 영역을 **부채꼴**이라고 부르자. Ω가 다각형 영역이고 $a \in \partial\Omega$이면 $D(a;R) \cap \Omega$가 부채꼴이 되도록 하는 양수 R이 존재한다. $0 < R < 2$일 때 두 원판 $D(0;R)$과 $D(1;1)$의 공통부분도 부채꼴과 비슷하게 나타낼 수 있다. 즉, 다음과 같다.

$$D(0;R) \cap D(1;1) = \left\{ re^{i\theta} : 0 < r < R,\ -\arccos\frac{r}{2} < \theta < \arccos\frac{r}{2} \right\}$$

이처럼 적당한 연속함수 $(0,1) \ni r \mapsto \theta(r) \in (0,\pi)$에 대하여

$$\left\{ re^{i\theta} : 0 < r < 1,\ -\theta(r) < \theta < \theta(r) \right\}$$

과 닮은꼴인 집합을 **일반화된 부채꼴**이라고 부르자. 자명하게, 일반화된 부채꼴은 모두 열린 집합인 동시에 경로연결집합, 즉 영역이다.

집합 $E \subset \mathbb{C}$가 비어있지 않을 때, $\sup\{|z-w| : z, w \in E\}$를 E의 **지름**이라고 부르며 이를 기호로는 $\operatorname{diam} E$로 표기한다.

보조정리 C.1 함수 $(0,1) \ni r \mapsto \theta(r) \in (0,\pi)$가 연속일 때, F가 영역

$$\Omega = \left\{ re^{i\theta} : 0 < r < 1,\ -\theta(r) < \theta < \theta(r) \right\}$$

에서 해석적이고 일대일이며 $F(\Omega)$가 유계라고 가정하자. $0 < r < 1$에 대하여 $C(r) = \left\{ re^{i\theta} : -\theta(r) < \theta < \theta(r) \right\}$로 두면, 0으로 수렴하는 양수열 $\langle r_k \rangle$가 존재하여

$$\lim_{k\to\infty} \operatorname{diam} F(C(r_k)) = 0$$

이다.

증명

모순을 얻기 위하여 결론을 부정하면, 양수 c, ϵ이 존재하여

$$0 < r < \epsilon \quad \Longrightarrow \quad \operatorname{diam} F(C(r)) \geq c$$

이다. 이때 필요하다면 함수 $w = F(z)$를 $w = c^{-1}F(\epsilon z)$로 대체하여 $c = \epsilon = 1$

을 가정해도 된다. 즉

$$1 \leq \operatorname{diam} F(C(r)) \quad (0 < r < 1)$$

이다. 집합 $C(r)$이 원의 일부이므로, $F(C(r))$은 곡선이다. 자명하게 이 곡선의 지름은 곡선의 길이를 넘지 못한다. 따라서

$$1 \leq \operatorname{diam} F(C(r)) \leq \int_{-\theta(r)}^{\theta(r)} \left|F'\left(re^{i\theta}\right)\right| r\, d\theta \quad (0 < r < 1)$$

이다. 옌센의 부등식 또는 코시–슈바르츠 부등식으로부터

$$\left(\frac{1}{2\theta(r)} \int_{-\theta(r)}^{\theta(r)} \left|F'\left(re^{i\theta}\right)\right| d\theta\right)^2 \leq \frac{1}{2\theta(r)} \int_{-\theta(r)}^{\theta(r)} \left|F'\left(re^{i\theta}\right)\right|^2 d\theta$$

인데, $0 < \theta(r) < \pi$이므로

$$\left(\int_{-\theta(r)}^{\theta(r)} \left|F'\left(re^{i\theta}\right)\right| d\theta\right)^2 \leq 2\pi \int_{-\theta(r)}^{\theta(r)} \left|F'\left(re^{i\theta}\right)\right|^2 d\theta$$

이고 따라서

$$\frac{1}{r} \leq \frac{1}{r}\left(\int_{-\theta(r)}^{\theta(r)} \left|F'\left(re^{i\theta}\right)\right| r\, d\theta\right)^2 \leq 2\pi \int_{-\theta(r)}^{\theta(r)} \left|F'\left(re^{i\theta}\right)\right|^2 r\, d\theta.$$

이다. 끝으로 $F(\Omega)$가 유계이기 때문에

$$\int_0^1 \int_{-\theta(r)}^{\theta(r)} \left|F'\left(re^{i\theta}\right)\right|^2 r\, d\theta dr = \operatorname{Area} F\left(\Omega\right) < \infty$$

이다. 이로부터 다음을 얻어서 증명이 끝났다.

$$\infty = \int_0^1 \frac{1}{r} dr \leq 2\pi \int_0^1 \int_{-\theta(r)}^{\theta(r)} \left|F'\left(re^{i\theta}\right)\right|^2 r\, d\theta dr < \infty$$

■

다음 보조정리 4.4는 F가 단위원판 $\mathbb{D}$에서 다각형 영역 P로 가는 등각동형사상일 때, F와 F^{-1}가 모두 [글 8–B]의 정리 B.3의 조건을 만족시킨다는 것을 함의한다.

보조정리 C.2 U와 V가 원판 또는 다각형 영역이고 $F : U \to V$가 등각동형사상일 때, $a \in \partial U$를 가정하면 $b \in \partial V$가 존재하여

$$\lim_{z \to a} F(z) = b$$

이다.

증명

필요하다면 U를 자신과 닮은꼴인 영역으로 대체하여 $a = 0$이고 $D(0;1) \cap U$가 보조정리 4.3의 영역 Ω와 같다고 가정해도 된다. Ω의 점으로 이루어졌으며 0으로 수렴하는 수열 $\langle z_n \rangle$을 하나 고르면 V가 유계영역이기 때문에 $\langle F(z_n) \rangle$의 부분수열 가운데 V의 폐포에 놓여 있는 한 점 b로 수렴하는 것이 있는데, [글 8–B]의 정리 B.2에 따라 $b \in \partial V$이다. 필요하다면 $\langle z_n \rangle$을 부분수열로 대체하여 $\langle F(z_n) \rangle$이 b로 수렴한다고 가정해도 된다. 이제 "$\langle w_n \rangle$이 Ω의 점으로 이루어졌으며 0으로 수렴하면, $\langle F(w_n) \rangle$이 b로 수렴한다."를 보이면 된다.

모순을 얻기 위해서 그렇지 않다고 가정하면, Ω의 점으로 이루어졌으며 0으로 수렴하는 수열 $\langle w_n \rangle$이 존재하여, $\langle F(w_n) \rangle$이 b로 수렴하지 않는다. 따라서 $\langle F(w_n) \rangle$의 부분수열 가운데 모든 항이 b로부터 일정 거리 이상 떨어진 것이 있다. 그 부분수열의 부분수열 가운데 수렴하는 것을 하나 선택하고 그 극한을 c로 표기하면, c는 V의 경계에 놓여 있으며 $c \neq b$이다. 필요하다면 $\langle w_n \rangle$을 부분수열로 대체하여 $\langle F(w_n) \rangle$이 V의 경계에 놓여 있는 점 c로 수렴한다고 가정해도 된다. $D(b;\rho) \cap V$와 $D(c;\rho) \cap V$가 모두 일반화된 부채꼴이 되도록 하는 양수 ρ가 존재한다. 이때 $\rho < |b - c|/3$을 가정해도 된다. 또한 모든 n에 대하여 $F(z_n)$과 $F(w_n)$이 각각 $D(b;\rho) \cap V$와 $D(c;\rho) \cap V$에 놓여 있다고 가정해도 된다.

보조정리 4.3에 따라 $0 < r < \min\{|z_1|, |w_1|\}$ 및 $\operatorname{diam} F(C(r)) < \rho$를 만족시키는 $r \in (0,1)$이 존재한다. $\langle z_n \rangle$과 $\langle w_n \rangle$이 0으로 수렴하기 때문에 $|z_N|, |w_N| < r$인 자연수 N이 존재한다. $F(z_1), F(z_N) \in D(b;\rho) \cap V$이고 $D(b;\rho) \cap V$가 경로연결집합이기 때문에 $F(z_1)$과 $F(z_N)$을 잇는 곡선 가운데 $D(b;\rho) \cap V$에 포함

되는 것이 있다. 그것을 I로 표기하자. 마찬가지로 $F(w_1)$과 $F(w_N)$을 잇는 곡선 가운데 $D(c;\rho)\cap V$에 포함되는 것을 하나 선택하여 J로 표기하자. $F^{-1}(I)$와 $F^{-1}(J)$는 모두 U에 놓여 있으며, 각각 z_1과 z_N, w_1과 w_N을 잇는 곡선이다. 사잇값 정리에 따라 $F^{-1}(I)\cap C(r)$과 $F^{-1}(J)\cap C(r)$은 모두 공집합이 아니다. $z \in F^{-1}(I)\cap C(r)$ 및 $w \in F^{-1}(J)\cap C(r)$을 가정하면 $F(z)\in D(b;\rho)\cap F(C(r))$ 및 $F(w)\in D(c;\rho)\cap F(C(r))$을 얻는데, $\rho < |b-c|/3$이므로 $|F(z)|-|F(w)|>\rho$이다. 이것은 $\operatorname{diam} F(C(r)) < \rho$에 모순이다. ■

다시 기술한『STEIN 복소해석학』8장 정리 4.2
단위원판 $\mathbb{D}$에서 다각형 영역 P로 가는 등각동형사상은 언제나 $\overline{\mathbb{D}}$에서 $\overline{P}$로 가는 위상동형사상으로 확장된다.

증명

등각동형사상 $F:\mathbb{D}\to P$가 주어졌다고 하자.『STEIN 복소해석학』8장 명제 1.1에 따라 F의 역사상 $G:P\to\mathbb{D}$도 등각동형사상이다.『STEIN 복소해석학』8장 보조정리 4.4에 따라 F와 G가 모두 [글 8–B]의 정리 B.3의 조건을 만족시키기 때문에 [글 8–B]의 정리 B.4로부터 원하는 결과를 얻는다. ■

8-D 경계의 방향

8장 4.3절

다각형 영역 P가 주어졌다고 하자. 리만 사상 정리에 따라 단위원판 $\mathbb{D}$에서 P로 가는 등각동형사상이 존재하는데, 다시 기술한 8장 정리 4.2에 의하여 이 등각동형사상이 $\overline{\mathbb{D}}$에서 $\overline{P}$로 가는 위상동형사상으로 확장된다. 이렇게 확장된 위상동형사상은 단위원의 점을 ∂P의 점에 대응시킨다. 이 대응이 단위원과 ∂P의 방향을 보존함[3]이 잘 알려져 있다. 이 사실의 증명을 알아본다.

먼저 분할에 관한 내용을 간단히 알아보고, 표기법을 하나 도입한다.

집합 모임 $\{A_1, A_2, \cdots, A_n\}$이 집합 E의 **분할(partition)**이라는 것은

$$j \neq k \quad \Longrightarrow \quad A_j \cap A_k = \varnothing$$

및

$$A_1 \cup A_2 \cup \cdots \cup A_n = E$$

가 성립함을 뜻한다. $\{A_1, A_2, \cdots, A_n\}$과 $\{B_1, B_2, \cdots, B_n\}$이 E의 분할일 때, 모든 j에 대하여 $A_j \subset B_j$이면 $\langle A_1, A_2, \cdots, A_n \rangle = \langle B_1, B_2, \cdots, B_n \rangle$[4]임을 쉽게 안다.

복소평면의 부분집합 E에 대하여 $\{z \in E : \operatorname{Im} z > 0\}$, $\{z \in E : \operatorname{Im} z < 0\}$, $E \cap \mathbb{R}$을 각각 E^+, E^-, E^0로 표기하자. $\{E^+, E^-, E^0\}$가 E의 분할인 것이 자명하다. 또한 이 표기법에 따르면 $\mathbb{D}^0$가 구간 $(-1, 1)$이다.

3 한 점이 단위원을 따라 양의 방향(반시계방향)으로 움직이면, 그에 대응되는 점이 P의 경계를 따라 P에 대한 양의 방향으로 움직인다.

4 모든 j에 대하여 $A_j = B_j$가 성립한다.

도움정리 D.1 등각동형사상 $F:\mathbb{D}\to F(\mathbb{D})$가 조건 $F(\mathbb{D}^0)\subset\mathbb{R}$을 만족시키면 (1)이 성립하든가 아니면 (2)가 성립한다.

(1) 모든 $z\in\mathbb{D}^0$에 대해서 부등식 $F'(z)>0$이다.

(2) 모든 $z\in\mathbb{D}^0$에 대해서 $F'(z)<0$이다.

(1)일 때 $\langle F(\mathbb{D}^+),F(\mathbb{D}^-),F(\mathbb{D}^0)\rangle=\langle F(\mathbb{D})^+,F(\mathbb{D})^-,F(\mathbb{D})^0\rangle$가 성립하고, (2)일 때 $\langle F(\mathbb{D}^+),F(\mathbb{D}^-),F(\mathbb{D}^0)\rangle=\langle F(\mathbb{D})^-,F(\mathbb{D})^+,F(\mathbb{D})^0\rangle$가 성립한다.

증명

$F(\mathbb{D}^0)\subset\mathbb{R}$임을 가정했기 때문에 모든 $z\in\mathbb{D}^0$와 모든 $n=0,\ 1,\ \cdots$에 대하여 $F^{(n)}(z)\in\mathbb{R}$이고, 이로부터 모든 $z\in\mathbb{D}$에 대하여 $F(\bar{z})=\overline{F(z)}$가 성립한다.

모든 $z\in\mathbb{D}^0$에 대하여 $F'(z)\in\mathbb{R}$인데, F가 등각사상이기 때문에 『STEIN 복소해석학』 8장 명제 1.1에 의하여 모든 $z\in\mathbb{D}$에 대하여 $F'(z)\neq 0$이다. $\mathbb{D}^0$가 구간이기 때문에 사잇값 정리로부터 정리의 첫 번째 부분을 얻는다.

만일 $F(\mathbb{D}^+)\cap\mathbb{R}\neq\varnothing$이면 $a\in D^+$가 존재하여 $F(a)\in\mathbb{R}$인데, 이로부터 $\bar{a}\in D^-$ 및 $F(a)=\overline{F(a)}=F(\bar{a})$를 얻어서 F가 $\mathbb{D}$에서 일대일이라는 가정에 모순이다. 그러므로 $F(\mathbb{D}^+)\cap\mathbb{R}=\varnothing$이다. $F(\mathbb{D}^+)$가 영역인 것이 자명하기 때문에 $F(\mathbb{D}^+)\subset\mathbb{C}^+$이든가 아니면 $F(\mathbb{D}^+)\subset\mathbb{C}^-$가 성립해야 된다. 마찬가지로 $F(\mathbb{D}^-)$도 $\mathbb{C}^+$에 포함되든가 아니면 $\mathbb{C}^-$에 포함된다. 한편 $F(\mathbb{D}^+)$, $F(\mathbb{D}^-)\subset\mathbb{C}^+$ 또는 $F(\mathbb{D}^+)$, $F(\mathbb{D}^-)\subset\mathbb{C}^-$가 성립하면 F가 단위원판에서 일대일이 될 수 없음을 쉽게 확인할 수 있다. 그러므로 $F(\mathbb{D}^+)\subset F(\mathbb{D})^+$ 및 $F(\mathbb{D}^-)\subset F(\mathbb{D})^-$가 성립하든가 아니면 $F(\mathbb{D}^+)\subset F(\mathbb{D})^-$ 및 $F(\mathbb{D}^-)\subset F(\mathbb{D})^+$가 성립해야 된다. 또한 우리는 포함관계 $F(\mathbb{D}^0)\subset F(\mathbb{D})^0$를 가정하고 있다. 집합 모임 $\{F(\mathbb{D}^+),F(\mathbb{D}^-),F(\mathbb{D}^0)\}$와 $\{F(\mathbb{D})^+,F(\mathbb{D})^-,F(\mathbb{D})^0\}$가 모두 $F(\mathbb{D})$의 분할이므로, 이로부터

$$\langle F(\mathbb{D}^+),F(\mathbb{D}^-),F(\mathbb{D}^0)\rangle=\langle F(\mathbb{D})^+,F(\mathbb{D})^-,F(\mathbb{D})^0\rangle$$

또는

$$\langle F(\mathbb{D}^+),F(\mathbb{D}^-),F(\mathbb{D}^0)\rangle=\langle F(\mathbb{D})^-,F(\mathbb{D})^+,F(\mathbb{D})^0\rangle$$

가운데 하나가 성립해야 된다.

이제 (1)이 성립한다고 가정하자. $a \in \mathbb{D}^0$일 때 $t \in \mathbb{R}$에 대하여 $\gamma(t) = F(a+it)$로 두면, $\gamma'(0) = iF'(a)$이고 $F'(a) > 0$이다. 그러므로 충분히 작은 모든 양수 t에 대하여 $\gamma(t) \in F(\mathbb{D}^+) \cap F(\mathbb{D})^+$이고, 따라서 $F(\mathbb{D}^+) = F(\mathbb{D})^+$ 및 $F(\mathbb{D}^-) = F(\mathbb{D})^-$를 얻는다. 나머지 경우도 같은 방법으로 증명한다. ■

복소평면의 서로 다른 두 점 a, b가 주어졌을 때, a와 b를 잇는 선분을 $[a,b]$로 나타내고 이 선분에서 양 끝점을 제거한 것을 (a,b)로 나타내자. 다각형 영역 P의 연이은 꼭짓점이 a_1, a_2, $\cdots$, a_n이라고 하자. 즉, a_1, a_2, $\cdots$, a_n이 서로 다른 점이고

$$\partial P = \bigcup_{k=1}^{n} [a_k, a_{k+1}]$$

이다. 여기서 $a_{n+1} = a_1$으로 두었다. 한 점이 ∂P를 따라 P에 대한 양의 방향으로 진행한다는 것은 그 방향을 바라보았을 때 왼쪽에 P의 점이 있음을 뜻한다. $w \in \partial P$가 점 a_k에서 출발하여 선분 $[a_k, a_{k+1}]$을 따라 a_{k+1}까지 움직일 때의 진행방향은 $a_{k+1} - a_k$이다. 그러므로 이 방향이 P에 대하여 양의 방향이라는 것은 다음 조건이 성립함을 뜻한다.

$$\forall w \in (a_k, a_{k+1})\ \exists r > 0 \text{ s.t. } \{w + i(a_{k+1} - a_k)t : 0 < t < r\} \subset P$$

리만 사상 정리에 따라 단위원판 $\mathbb{D}$에서 P로 가는 등각동형사상이 존재하는데 『STEIN 복소해석학』 8장 정리 4.2에 의하여 이 등각동형사상이 $\overline{\mathbb{D}}$에서 $\overline{P}$로 가는 위상동형사상으로 확장된다. 그 위상동형사상을 $G : \overline{\mathbb{D}} \to \overline{P}$로 나타내자.

정리 D.2 점 z가 단위원을 따라 반시계방향으로 움직이면 점 $G(z)$가 P의 경계를 따라 양의 방향으로 움직인다.

이 정리를 증명하기 위해서 간단한 준비 작업이 필요하다. 점 z가 단위원을 따라 반시계방향으로 한 바퀴 돌면 $G(z)$가 ∂P를 따라서 움직이면서 점 a_1, a_2, $\cdots$, a_n을 정확히 한 번씩 지나는데, 이 점들이 ∂P의 연이은 꼭짓점이기 때문에 a_1, a_2, $\cdots$,

a_n의 순서로 지나든가 아니면 a_n, a_{n-1}, $\cdots$, a_1의 순서로 지날 것이다. 후자의 경우 a_n, a_{n-1}, $\cdots$, a_1의 번호를 각각 1, 2, $\cdots$, n으로 바꾸어 전자가 성립한다고 해도 된다. 이러한 가정을 하면 정리 D.2는 다음 도움정리 D.3의 결과이다.

도움정리 D.3 각각의 k와 각각의 $w \in (a_k, a_{k+1})$에 대하여 양수 r이 존재하여

$$\{w + i(a_{k+1} - a_k)t : 0 < t < r\} \subset P$$

이다.

증명

$k \in \{1, 2, \cdots, n\}$을 가정하자. 우선 P를 적당히 회전시키고 평행이동시켜서 $-\infty < a_k < a_{k+1} < \infty$를 가정해도 된다. $G^{-1}(a_k) = e^{i\theta_k}$, $G^{-1}(a_{k+1}) = e^{i\theta_{k+1}}$ 및 $0 < \theta_{k+1} - \theta_k < 2\pi$를 만족시키는 두 실수 θ_k, θ_{k+1}이 존재하는데, 필요하다면 단위원판을 적당히 회전시켜서 $-\pi < \theta_k < \theta_{k+1} < \pi$가 성립한다고 가정해도 된다.

상반평면을 $\mathbb{H}$로 나타내자. 도움정리 D.1의 표기법에 따르면 $\mathbb{H} = \mathbb{C}^+$이다. 일차분수변환

$$\phi(z) = -\frac{z - i}{z + i}$$

가 $\mathbb{H}$에서 $\mathbb{D}$로 가는 등각동형사상이며 $\overline{\mathbb{H}}$에서 $\overline{\mathbb{D}} \setminus \{-1\}$로 가는 위상동형사상이라는 것과 z가 실축을 따라 오른쪽으로 움직이면 $\phi(z)$가 원호 $\partial\mathbb{D} \setminus \{-1\}$을 따라 반시계방향으로 움직인다는 것을 쉽게 확인할 수 있다. $\phi^{-1}(e^{i\theta_k})$과 $\phi^{-1}(e^{i\theta_{k+1}})$을 각각 A_k, A_{k+1}로 나타내면 $-\infty < A_k < A_{k+1} < \infty$이다.

이제 $z \in \overline{\mathbb{H}}$에 대해서 $F(z) = G(\phi(z))$로 두면, F가 $\mathbb{H}$에서 P로 가는 등각동형사상이고 $\overline{\mathbb{H}}$에서 $\overline{P} \setminus \{G(-1)\}$로 가는 위상동형사상인데, $F(A_k) = a_k$, $F(A_{k+1}) = a_{k+1}$, $F((A_k, A_{k+1})) = (a_k, a_{k+1})$ 등이 자명하다. 선분 (A_k, A_{k+1})을 지름으로 하는 열린 원판을 D로 나타내면, 반원판 D^+에서 해석적이고 $(A_k, A_{k+1}) = D^0$의 각 점에서 연속이며 실숫값을 가지는 함수 F가 슈바르츠 반사 원리에 따라

원판 D에서 해석적인 함수로 확장된다. 확장된 함수도 여전히 F로 나타내면, F가 D에서 $F(D)$로 가는 등각동형사상이라는 것을 쉽게 안다. 또한 $A_k < A_{k+1}$, $F(A_k) = a_k < a_{k+1} = F(A_{k+1})$이기 때문에 모든 $z \in (A_k, A_{k+1})$에 대하여 $F'(z) > 0$이다. 그러므로 보조정리 D.1에 따라

$$\langle F(D^+), F(D^-), F(D^0)\rangle = \langle F(D)^+, F(D)^-, F(D)^0\rangle$$

이다.

끝으로 $w \in (a_k, a_{k+1})$을 가정하면, $(a_k, a_{k+1}) = F((A_k, A_{k+1})) \subset F(D)$이기 때문에 w가 $F(D)$의 내점이다. 따라서 양수 r이 존재하여

$$\{w + it : 0 < t < r\} \subset F(D)$$

이다. 여기서 좌변이 $F(D)^+$에 포함된다는 것이 자명한데

$$F(D)^+ = F(D^+) \subset F(\mathbb{H}) = G(\mathbb{D}) = P$$

이다. 이로부터 원하는 결과를 얻는다. ■

8-E 다각형 영역의 경계를 따른 진행방향의 변화량

8장 4.3절, 4.4절

편각함수 $\arg : \mathbb{C} \setminus [0, \infty) \to (0, 2\pi)$를

$$\arg\left(re^{i\theta}\right) = \theta \quad (r > 0;\ 0 < \theta < 2\pi)$$

로 정의하고, 영역 $\mathbb{C} \setminus (-\infty, 0]$에 정의된 **편각의 주치(principal value of argument)**를 Arg로 나타내자. 즉

$$\operatorname{Arg}\left(re^{i\theta}\right) = \theta \quad (r > 0;\ -\pi < \theta < \pi)$$

이다. 모든 $z \in \mathbb{C} \setminus [0, \infty)$에 대해서

$$\arg(z) + \mathrm{Arg}\,(-1/z) = \pi$$

및

$$\arg(z) + \arg\,(1/z) = \arg(z) + \arg\,(\bar{z}) = 2\pi$$

등이 성립함을 바로 안다. 또한 z_1, z_2, $\cdots$, $z_n \in \mathbb{C} \setminus [0, \infty)$일 때

$$\arg\,(z_1 z_2 \cdots z_n) = \sum_{k=1}^{n} \arg z_k \quad\iff\quad \sum_{k=1}^{n} \arg z_k < 2\pi$$

도 자명하다. 서로 다른 세 복소수 a, b, c가 조건 $[a, b] \cap [b, c] = \{b\}$를 만족시키면

$$\frac{a-b}{c-b} \in \mathbb{C} \setminus [0, \infty), \quad \frac{c-b}{b-a} \in \mathbb{C} \setminus (-\infty, 0]$$

이다. 따라서

$$\arg \frac{a-b}{c-b} \in (0, 2\pi) \text{ 및 } \mathrm{Arg}\,\frac{c-b}{b-a} \in (-\pi, \pi)$$

가 잘 정의되는데, 이것을 각각 $\langle abc \rangle$와 $[abc]$로 나타내자. 정의로부터

$$\langle abc \rangle + [abc] = \pi$$

를 바로 얻고

$$\langle abc \rangle + \langle cba \rangle = 2\pi, \quad [abc] + [cba] = 0$$

등을 쉽게 확인할 수 있다. 점 a에서 출발하여 선분 $[a, b]$를 따라 점 b에 이른 다음 선분 $[b, c]$를 따라 c까지 이동하면, 점 b를 지날 때 진행방향이 $b - a$에서 $c - b$로 변화한다. 그러므로 $[abc]$는 이 변화량을 각으로 나타낸 것이다. 복소수 b_0, b_1, b_2, $\cdots$, b_n, b_{n+1}이 $k = 1$, 2, $\cdots$, n에 대하여 조건 $b_{k-1} \neq b_k \neq b_{k+1}$ 및 $[b_{k-1}, b_k] \cap [b_k, b_{k+1}] = \{b_k\}$를 만족시킬 때, 다음 두 합

$$\langle b_0 b_1 b_2 \rangle + \langle b_1 b_2 b_3 \rangle + \cdots + \langle b_{n-1} b_n b_{n+1} \rangle = \sum_{k=1}^{n} \langle b_{k-1} b_k b_{k+1} \rangle,$$

$$[b_0 b_1 b_2] + [b_1 b_2 b_3] + \cdots + [b_{n-1} b_n b_{n+1}] = \sum_{k=1}^{n} [b_{k-1} b_k b_{k+1}]$$

을 각각 $\langle b_0 b_1 \cdots b_{n+1} \rangle$과 $[b_0 b_1 \cdots b_{n+1}]$로 나타내면 편리하다.

$[b_0 b_1 \cdots b_{n+1}]$은 점 b_0에서 출발하여 꺾은선

$$\bigcup_{k=0}^{n} [b_k, b_{k+1}]$$

을 따라 b_{n+1}까지 이동할 때 진행방향의 총 변화량이다.

> **명제 E.1** a_1, a_2, $\cdots$, a_n이 서로 다른 복소수일 때 $a_n = a_0$, $a_{n+1} = a_1$이고 $k = 1, 2, \cdots, n$에 대해서 $[a_{k-1}, a_k] \cap [a_k, a_{k+1}] = \{a_k\}$이면
>
> $$\langle a_n a_1 a_2 \cdots a_n a_1 \rangle + [a_n a_1 a_2 \cdots a_n a_1] = n\pi$$
>
> 이다.

증명

가정으로부터 각각의 k에 대하여

$$\langle a_{k-1} a_k a_{k+1} \rangle + [a_{k-1} a_k a_{k+1}] = \pi$$

이므로 등식의 양변을 $k = 1$부터 $k = n$까지 더하여 원하는 결과를 얻는다. ■

"다각형 영역의 꼭짓점이 **양의 방향**으로 나열되었다."라는 조건을 좀 더 자세히 살펴보자. P가 다각형 영역이고 a_1, a_2, $\cdots$, a_n이 P의 서로 다른 꼭짓점일 때, $a_{n+1} = a_1$이고

$$\partial P = \bigcup_{k=1}^{n} [a_k, a_{k+1}]$$

이라고 하자. 각 $k = 1, 2, \cdots, n$에 대하여 다음 조건을 만족시키는 점 $w \in (a_k, a_{k+1})$의 집합을 $(a_k, a_{k+1})^+$로 나타내자. 그러면

$$\exists r > 0 \quad \text{s.t.} \quad \{w + i(a_{k+1} - a_k)t : 0 < t < r\} \subset P$$

이다. 여기서 (a_k, a_{k+1})은 [글 8–D]에서처럼 양 끝점을 제거한 선분 $[a_k, a_{k+1}] \setminus \{a_k, a_{k+1}\}$을 나타낸다.

정의 선분 $[a_k, a_{k+1}]$이 P에 대하여 **양의 방향**이라는 것은

$$(a_k, a_{k+1})^+ = (a_k, a_{k+1})$$

이 성립함을 뜻한다. 모든 k에 대하여 $[a_k, a_{k+1}]$이 P에 대하여 양의 방향일 때, a_1, a_2, $\cdots$, a_n이 P에 대하여 양의 방향으로 나열되었다고 말한다.

보조정리 E.2 $(a_k, a_{k+1})^+$가 비어있지 않으면 $[a_k, a_{k+1}]$이 P에 대하여 양의 방향이다. 이때, $[a_{k+1}, a_{k+2}]$도 P에 대하여 양의 방향이다. 따라서 a_1, a_2, $\cdots$, a_n이 P에 대하여 양의 방향으로 나열되어 있다.

증명

조건 $(a_1, a_2)^+ \neq \varnothing$을 가정하면 연결성 논의(connectedness argument)로부터 $(a_1, a_2)^+ = (a_1, a_2)$를 얻는데, 이 조건이 $(a_2, a_3)^+ \neq \varnothing$를 함의하기 때문에 수학적 귀납법으로부터 원하는 결과를 얻는다. ■

정의로부터 다음이 성립함을 쉽게 확인할 수 있다. 증명은 과제로 남긴다.

보조정리 E.3 a_1, a_2, $\cdots$, a_n이 P의 모든 꼭짓점을 양의 방향으로 나열한 것이면, 각각의 k에 대하여

$$P \cap D(a_k; r) = \left\{ a_k + \rho e^{i(\theta + \theta_k)} : 0 < \rho < r,\ 0 < \theta < \langle a_{k-1} a_k a_{k+1} \rangle \right\}$$

이 성립토록 하는 양수 r이 존재한다. 여기서 θ_k는 $a_{k+1} - a_k$의 편각 가운데 하나이다. 즉 $e^{i\theta_k} = (a_{k+1} - a_k)/|a_{k+1} - a_k|$이다.

[글 8–D]에서처럼 상반평면과 하반평면을 각각 $\mathbb{C}^+$, $\mathbb{C}^-$로 나타내자.

따름정리 $P \cap \mathbb{R} = \varnothing$이면 $P \subset \mathbb{C}^+$ 또는 $P \subset \mathbb{C}^-$ 가운데 하나가 성립한다. 이에 더하여 $a_k \in \mathbb{R}$을 가정하면 $0 < \langle a_{k-1}a_ka_{k+1}\rangle \le \pi$이다. 이때 $a_{k-1} \notin \mathbb{R}$ 또는 $a_{k+1} \notin \mathbb{R}$을 추가로 가정하면 $\langle a_{k-1}a_ka_{k+1}\rangle < \pi$이다.

지금부터 $a_1, a_2, \cdots, a_n$이 다각형 영역 P의 모든 꼭짓점을 양의 방향으로 나열한 것이라고 가정한다. 보조정리 E.3에 따라 $\langle a_{k-1}a_ka_{k+1}\rangle$은 꼭짓점 a_k에서 P의 **내각**이다. $\alpha_1, \alpha_2, \cdots, \alpha_n$과 $\beta_1, \beta_2, \cdots, \beta_n$을 각각

$$\alpha_1 = \frac{1}{\pi}\langle a_na_1a_2\rangle,\ \alpha_2 = \frac{1}{\pi}\langle a_1a_2a_3\rangle,\ \cdots,\ \alpha_n = \frac{1}{\pi}\langle a_{n-1}a_na_1\rangle,$$
$$\beta_1 = \frac{1}{\pi}[a_na_1a_2],\ \beta_2 = \frac{1}{\pi}[a_1a_2a_3],\ \cdots,\ \beta_n = \frac{1}{\pi}[a_{n-1}a_na_1]$$

로 정의한다. 이때

$$\sum_{k=1}^{n} \beta_k = 2,$$

즉 $[a_na_1a_2\cdots a_na_1] = 2\pi$라는 것이 알려져 있다. 이 사실은 직관적으로 거의 자명한데, 특히 $n = 3$이면 쉽게 확인할 수 있다. 일반적인 경우에는 다소 주의할 필요가 있다.

정리 E.4 다각형 영역 P의 모든 꼭짓점을 양의 방향으로 나열한 것이 $a_1, a_2, \cdots, a_n$이라고 하면

$$[a_na_1a_2\cdots a_na_1] = 2\pi$$

이다.

정리 E.4를 몇 단계로 나누어 증명한다. 명제 E.1에 따라 $[a_na_1a_2\cdots a_na_1] = 2\pi$ 대신에

$$\langle a_na_1a_2\cdots a_na_1\rangle = (n-2)\pi$$

를 보여도 된다. 다음 명제는 직관적으로 자명하다. 그림을 그려보라.

명제 E.5 $a_1,\ a_2,\ \cdots,\ a_n$ 이 $\mathbb{C}^+$ 에 놓여 있는 다각형 영역 P^+ 의 꼭짓점을 양의 방향으로 나열한 것이고 $b_1,\ b_2,\ \cdots,\ b_N$ 이 $\mathbb{C}^-$ 에 놓여 있는 다각형 영역 P^- 의 꼭짓점을 양의 방향으로 나열한 것일 때, $b_2,\ b_3,\ \cdots,\ b_{N-1} \in \mathbb{C}^-$, $a_1 = b_1,\ a_2 = b_N$ 및 $a_1, a_2 \in \mathbb{R}$을 가정하면 다음이 성립한다.

(1) $a_1 < a_2$

(2) $P = P^+ \cup (a_1, a_2) \cup P^-$ 가 다각형 영역이다.

(3) $b_1,\ b_2,\ \cdots,\ b_N,\ a_3,\ a_4,\ \cdots,\ a_n$ 이 P 의 꼭짓점을 양의 방향으로 나열한 것이다.

(4) $\langle b_1 b_2 \cdots b_N a_3 a_4 \cdots a_n b_1 b_2 \rangle = \langle b_1 b_2 \cdots b_N b_1 b_2 \rangle + \langle a_1 a_2 \cdots a_n a_1 a_2 \rangle$

증명

(1) 보조정리 E.2의 결과이다.

(2), (3) P가 유계영역이고, 점 $b_1, b_2, \cdots, b_N, a_3, a_4, \cdots, a_n, a_1$ 을 차례로 이은 곡선이 P 의 경계를 이루는 단순폐곡선이라는 것을 쉽게 안다. 또한 보조정리 E.2로부터 이 점들이 P에 대하여 양의 방향으로 나열되었음을 바로 안다. 이렇게 하여 (2)와 (3)을 증명했다.

(4) 우선 식의 좌변이 다음과 같다.

$$\langle b_1 b_2 \cdots b_N \rangle + \langle b_{N-1} a_2 a_3 \rangle + \langle a_2 a_3 \cdots a_n a_1 \rangle + \langle a_n a_1 b_2 \rangle$$

또한

$$\begin{aligned}
\langle b_{N-1} a_2 a_3 \rangle &= \arg \frac{b_{N-1} - a_2}{a_3 - a_2} \\
&= \arg \left(\frac{b_{N-1} - a_2}{a_1 - a_2} \cdot \frac{a_1 - a_2}{a_3 - a_2} \right) \\
&= \arg \frac{b_{N-1} - a_2}{a_1 - a_2} + \arg \frac{a_1 - a_2}{a_3 - a_2} \\
&= \langle b_{N-1} a_2 a_1 \rangle + \langle a_1 a_2 a_3 \rangle \\
&= \langle b_{N-1} b_N b_1 \rangle + \langle a_1 a_2 a_3 \rangle
\end{aligned}$$

이다. 여기서 세 번째 등식이 성립하는 까닭은 $a_1 - a_2 < 0$, $b_{N-1} - a_2 \in \mathbb{C}^-$, $a_3 - a_2 \in \mathbb{R} \cup \mathbb{C}^+$ 이고, 따라서

$$\arg \frac{b_{N-1} - a_2}{a_1 - a_2} < \pi, \quad \arg \frac{a_1 - a_2}{a_3 - a_2} \leq \pi$$

이기 때문이다. 같은 방법으로

$$\langle a_n a_1 b_2 \rangle = \langle a_n a_1 a_2 \rangle + \langle b_N b_1 b_2 \rangle$$

를 얻어서 (4)가 증명되었다. ■

명제 E.6 $P \subset \mathbb{C}^+$; $2 < k < l \leq n$; $a_1, a_k, a_l \in \mathbb{R}$; $a_2, \cdots, a_{k-1} \notin \mathbb{R}$ 및 $a_k < a_1$ 을 가정하면, 부등식 $a_k < a_l < a_1$ 이 성립한다.

증명

단순폐곡선 $[a_1, a_2] \cup [a_2, a_3] \cup \cdots \cup [a_{k-1}, a_k] \cup [a_k, a_1]$ 으로 둘러싸인 다각형 영역을 Q로 나타내고, $a_{k+1} \in (a_k, a_1) \cup Q$를 보이기 위해서 $a_{k+1} \notin (a_k, a_1)$을 가정하자. 가정 $P \subset \mathbb{C}^+$, $a_k \in \mathbb{R}$, $a_{k-1} \notin \mathbb{R}$로부터 부등식 $\langle a_{k-1} a_k a_{k+1} \rangle < \pi$가 성립한다. 또한 $a_k < a_1$을 가정하였기 때문에 $\langle a_{k+1} a_k a_1 \rangle \leq \pi$이다. 따라서

$$\begin{aligned} \langle a_{k-1} a_k a_1 \rangle &= \arg \frac{a_1 - a_k}{a_{k-1} - a_k} \\ &= \arg \left(\frac{a_1 - a_k}{a_{k+1} - a_k} \cdot \frac{a_{k+1} - a_k}{a_{k-1} - a_k} \right) \\ &= \langle a_{k+1} a_k a_1 \rangle + \langle a_{k-1} a_k a_{k+1} \rangle \end{aligned}$$

이다. 이로부터 특별히 부등식 $\langle a_{k+1} a_k a_1 \rangle < \langle a_{k-1} a_k a_1 \rangle$을 얻는다. 보조정리 E.2와 가정 $a_k < a_1$ 으로부터 a_1, a_2, $\cdots$, a_k는 Q의 꼭짓점을 Q에 대하여 양의 방향으로 나열한 것이다. 보조정리 E.3에 따라 양수 r이 존재하여

$$Q \cap D(a_k; r) = \left\{ a_k + \rho e^{i\theta} : 0 < \rho < r,\ 0 < \theta < \langle a_{k-1} a_k a_1 \rangle \right\}$$

이다. 따라서 $(a_k, a_{k+1}) \cap Q \cap D(a_k; r) \neq \varnothing$이고, 그러므로 $a_{k+1} \in Q$이다.

이렇게 하여 $a_{k+1} \in (a_k, a_1) \cup Q$를 보였다.

이제 모순을 얻기 위해서 결론을 부정하자. $a_l < a_k$ 또는 $a_1 < a_l$을 가정하면 $a_l \notin \overline{Q}$이다. 따라서 a_{k+1}, $\cdots$, a_l, $\cdots$, a_n을 차례로 잇는 다각형 곡선과 a_1, a_2, $\cdots$, a_{k-1}, a_k를 차례로 잇는 다각형 곡선이 만나는데, 이는 a_1, a_2, $\cdots$, a_{k-1}, a_k, a_{k+1}, $\cdots$, a_l, $\cdots$, a_n, a_1을 차례로 잇는 다각형 곡선이 단순폐곡선이라는 가정에 모순이다. ■

> **명제 E.7** P가 볼록하지 않으면, 일반성을 잃지 않고 $P \subset \mathbb{C}^+$, $3 \le N \le n-1$, $a_1 < a_N$ 및 $a_2, \cdots, a_{N-1} \in \mathbb{C}^+$를 가정할 수 있다.

증명

P가 볼록하지 않다고 가정하자. 또한 $k = 1$, $\cdots$, n에 대해서 $a_{n+k} = a_k$로 나타내자. P를 적당히 회전하고 평행이동하여 P가 다음 두 가지 조건을 만족시키도록 할 수 있다.

(1) $P \subset \mathbb{C}^+$

(2) $j, k \in \{1, 2, \cdots, 2n\}$이 존재하여 $a_j, a_k \in \mathbb{R}$과 $j+1 < k < j+n-1$이고 두 집합 $\{a_{j+1}, \cdots, a_{k-1}\} \cap \mathbb{C}^+$와 $\{a_{k+1}, \cdots, a_{j+n-1}\} \cap \mathbb{C}^+$가 모두 비어있지 않다.

이때, 꼭짓점 번호를 같은 방향으로 새로 붙여서 $j = 1$, $a_2 \in \mathbb{C}^+$라고 해도 된다. 즉 조건 (2) 대신에 다음 조건 (3)을 가정해도 된다.

(3) $a_1, a_k \in \mathbb{R}$, $2 < k < n$, $a_2 \in \mathbb{C}^+$, $\{a_{k+1}, \cdots, a_n\} \cap \mathbb{C}^+ \neq \varnothing$

필요하다면 k를 더 작은 자연수로 대체하여 $a_2, \cdots, a_{k-1} \in \mathbb{C}^+$라고 할 수 있다. a_1과 a_k가 서로 다른 실수이므로 $a_1 < a_k$ 또는 $a_k < a_1$이다. 전자의 경우 $N = k$로 두면 명제가 성립한다.

이제 $a_k < a_1$을 가정하면 두 가지 가능성이 있다. 즉 $\{a_{k+1}, \cdots, a_n\} \subset \mathbb{C}^+$이든가 아니면 $\{a_{k+1}, \cdots, a_n\} \cap \mathbb{R} \neq \varnothing$이다. 전자의 경우

$$a_k,\, a_{k+1},\, \cdots,\, a_n,\, a_1,\, \cdots,\, a_j,\, \cdots,\, a_{k-1}$$

의 번호를 각각 1, 2, $\cdots$, $N-1$, N, $\cdots$, $N+j-1$, $\cdots$, n으로 붙이면 명제가 성립한다. 후자의 경우

$$l = \begin{cases} \min\{j : k+1 < j \le n,\ a_j \in \mathbb{R}\} & (a_{k+1} \in \mathbb{C}^+) \\ \min\{j : k+1 < j \le n,\ a_j \in \mathbb{C}^+\} - 1 & (a_{k+1} \in \mathbb{R}) \end{cases}$$

로 두면, $a_l \in \mathbb{R}$이므로 명제 E.6에 의하여 $a_k < a_l < a_1$이다. $a_{k+1} \in \mathbb{C}^+$이면 a_{k+1}, $\cdots$, $a_{l-1} \in \mathbb{C}^+$이므로 a_k, $\cdots$, a_l, $\cdots$, a_{n+k-1}의 번호를 각각 1, $\cdots$, N, $\cdots$, n으로 붙이면 명제가 성립한다. $a_{k+1} \in \mathbb{R}$이면 $l+1 < m \le n+1$, $a_m \in \mathbb{R}$ 및 $a_{l+1}, \cdots, a_{m-1} \in \mathbb{C}^+$를 만족시키는 m이 존재한다. 따라서 a_l, $\cdots$, a_m, $\cdots$, a_{n+l-1}의 번호를 각각 1, $\cdots$, N, $\cdots$, n으로 붙여주면 명제가 성립한다. ■

이제 정리 E.4를 증명할 준비가 되었다.

정리 E.4의 증명

앞에서도 언급하였듯이 $n = 3$이면 결과를 쉽게 확인할 수 있다. 지금부터 n이 3보다 큰 자연수이고 꼭짓점 개수가 n보다 작은 모든 다각형 영역에 대하여 정리가 성립함을 가정한다.

우선 P가 볼록영역인 경우를 살펴보자. P를 적당히 회전하고 평행이동시켜서 $a_1, a_3 \in \mathbb{R}$, $a_2 \in \mathbb{C}^-$ 및 $a_4, \cdots, a_n \in \mathbb{C}^+$를 가정해도 일반성을 잃지 않는다. 다각형 영역 $P \cap \mathbb{C}^-$와 $P \cap \mathbb{C}^+$의 꼭짓점을 양의 방향으로 나열한 것이 각각 a_1, a_2, a_3와 a_1, a_3, a_4, $\cdots$, a_n이라는 것을 바로 안다. 다각형 영역 $P^+ = P \cap \mathbb{C}^+$와 $P^- = P \cap \mathbb{C}^-$에 명제 E.5를 적용하면

$$\langle a_1 a_2 \cdots a_n a_1 a_2 \rangle = \langle a_1 a_2 a_3 a_1 a_2 \rangle + \langle a_1 a_3 a_4 \cdots a_n a_1 a_3 \rangle$$

를 얻는데 귀납법 가정에 따라 우변이 $\pi + (n-1-2)\pi = (n-2)\pi$이므로, P가 볼록영역인 경우의 증명이 끝났다.

이제 P가 볼록하지 않으며 명제 E.7의 조건을 만족시킨다고 가정하자. $k = 1$, 2, $\cdots$, n에 대해서 $\bar{a}_k = b_k$로 두면 $a_1 = b_1$, $a_N = b_N$이고, 각각 $\mathbb{C}^+$와 $\mathbb{C}^-$에 놓여 있는 다각형 영역 P^+, P^-가 존재하여 a_1, a_N, a_{N+1}, $\cdots$, a_n과 b_N, b_1, b_2, $\cdots$, b_{N-1}이 각각 P^+와 P^-의 꼭짓점을 양의 방향으로 나열한 것이 된다. 귀납법 가정과 명제 E.5로부터

$$\langle b_1 b_2 \cdots b_N b_1 b_2 \rangle = (N-2)\pi, \quad \langle a_1 a_N \cdots a_n a_1 a_N \rangle = (n-N)\pi$$

및

$$\langle b_1 b_2 \cdots b_N a_{N+1} \cdots a_n b_1 b_2 \rangle = (n-2)\pi$$

를 얻는다. 이제

$$\langle b_1 b_2 \cdots b_N a_{N+1} \cdots a_n b_1 b_2 \rangle = \langle a_1 a_2 \cdots a_N a_{N+1} \cdots a_n a_1 a_2 \rangle$$

를 보이면 증명이 끝난다. 좌변과 우변에서 합 $\langle b_N a_{N+1} \cdots a_n a_1 \rangle$을 뺀 것을 각각 L', R'으로 나타내면 $a_1 = b_1$, $a_N = b_N$이므로

$$\begin{aligned} L' =& \langle b_1 b_2 \cdots b_N a_{N+1} \cdots a_n b_1 b_2 \rangle - \langle b_N a_{N+1} \cdots a_n a_1 \rangle \\ =& \langle b_1 b_2 \cdots b_N \rangle + \langle b_{N-1} b_N a_{N+1} \rangle + \langle a_n b_1 b_2 \rangle \end{aligned}$$

및

$$\begin{aligned} R' =& \langle a_1 a_2 \cdots a_N a_{N+1} \cdots a_n a_1 a_2 \rangle - \langle b_N a_{N+1} \cdots a_n a_1 \rangle. \\ =& \langle a_1 a_2 \cdots a_N \rangle + \langle a_{N-1} a_N a_{N+1} \rangle + \langle a_n a_1 a_2 \rangle \end{aligned}$$

를 얻는다. 모든 $z \in \mathbb{C} \setminus [0, \infty)$에 대해서 $\arg(z) + \arg(\bar{z}) = 2\pi$이므로

$$\langle b_1 b_2 \cdots b_N \rangle + \langle a_1 a_2 \cdots a_N \rangle = 2(N-2)\pi$$

이다. 보조정리 E.4로부터 $\langle a_n a_1 a_2 \rangle < \pi$를 얻고, $\operatorname{Im} a_n \geq 0$, $\operatorname{Im} a_2 > 0$, $a_1 < a_N$으로부터 $\langle a_n a_1 a_N \rangle \leq \pi$와 $\langle a_2 a_1 a_N \rangle < \pi$를 얻는다. 따라서

$$\langle a_n a_1 a_2 \rangle + \langle a_2 a_1 a_N \rangle = \langle a_n a_1 a_N \rangle \leq \pi$$

이다. 또한 자명하게 $\langle b_N b_1 b_2 \rangle = \langle a_2 a_1 a_N \rangle < \pi$ 이므로

$$\langle a_n b_1 b_2 \rangle = \langle a_n a_1 a_N \rangle + \langle b_N b_1 b_2 \rangle = \langle a_n a_1 a_2 \rangle + 2\langle b_N b_1 b_2 \rangle$$

이다. 같은 방법으로

$$\langle b_{N-1} b_N a_{N+1} \rangle = \langle a_{N-1} a_N a_{N+1} \rangle + 2\langle b_{N-1} b_N b_1 \rangle$$

이다. 이로부터

$$\begin{aligned} L' &= \langle b_1 b_2 \cdots b_N b_1 b_2 \rangle + \langle b_{N-1} b_N b_1 \rangle + \langle b_N b_1 b_2 \rangle + \langle a_{N-1} a_N a_{N+1} \rangle + \langle a_n a_1 a_2 \rangle \\ &= (N-2)\pi + \langle b_{N-1} b_N b_1 \rangle + \langle b_N b_1 b_2 \rangle + \langle a_{N-1} a_N a_{N+1} \rangle + \langle a_n a_1 a_2 \rangle \end{aligned}$$

이고, 따라서

$$\begin{aligned} L' - R' &= (N-2)\pi + \langle b_{N-1} b_N b_1 \rangle + \langle b_N b_1 b_2 \rangle - \langle a_1 a_2 \cdots a_N \rangle \\ &= (N-2)\pi + \langle b_{N-1} b_N b_1 \rangle + \langle b_N b_1 b_2 \rangle + \langle b_1 b_2 \cdots b_N \rangle - 2(N-2)\pi \\ &= 0 \end{aligned}$$

을 얻어서 증명이 끝났다. ■

9

타원함수 입문

An Introduction to Elliptic Functions

9-A 9장 보조정리 1.5의 증명

『STEIN 복소해석학』 9장 보조정리 1.5는 바이어슈트라스 $\wp$ 함수와 아이젠슈타인 급수를 다루는 데 기본적인 역할을 한다. 보조정리 1.5의 증명을 자세히 살펴본다.

9-A 9장 보조정리 1.5의 증명

9장 1.2절

『STEIN 복소해석학』 9장 보조정리 1.5의 내용은 $r > 2$에 대해서 두 급수

$$\sum_{(n,m)\neq(0,0)} \frac{1}{(|n|+|m|)^r}, \qquad \sum_{(n,m)\neq(0,0)} \frac{1}{|n+m\tau|^r}$$

이 수렴한다는 것이다. 단, $\operatorname{Im}\tau > 0$이다. 『STEIN 복소해석학』에서는 적분판정법으로 첫 번째 급수가 수렴함을 보인 다음, 이 결과와 비교판정법을 이용하여 두 번째 급수도 수렴함을 보였다. 증명을 마친 뒤에, 비고[1]에서 "보조정리 1.5의 증명은 $r > 2$, $\delta > 0$일 때 두 번째 급수가 반평면 $\operatorname{Im}\tau \geq \delta$에서 고르게 수렴함을 보여준다."는 언급을 하였다. 『STEIN 복소해석학』 9장 보조정리 1.5의 증명을 살펴보면, '두 번째 급수가 반평면 $\operatorname{Im}\tau \geq \delta$에서 고르게 수렴'하는 까닭이 '각 $\delta > 0$에 대하여 양수 c가 존재하여 모든 n, $m \in \mathbb{Z}$에 대해서 함의관계

$$\operatorname{Im}\tau \geq \delta \quad \Longrightarrow \quad |n| + |m| \leq c\,|n + m\tau|$$

가 성립하기 때문'으로 이해하는 것이 자연스럽다. 그러나 이 명제는 사실이 아니다. 왜냐하면 각각의 $m \in \mathbb{Z} \setminus \{0\}$에 대해서 $\tau_m = -m^{-1}n + i$로 두면 $\operatorname{Im}\tau_m = 1$이지만

$$\lim_{n\to\infty} \frac{|n|+|m|}{|n+m\tau_m|} = \lim_{n\to\infty} \frac{|n|+|m|}{|m|} = \infty$$

이기 때문이다. 이런 배경에서 보조정리 1.5를 함의하는 명제를 좀 더 단순하게 증명하고, 비고에 관련된 사항을 자세히 살펴본다.

1 『STEIN 복소해석학』 302p를 참고하라.

먼저 함수들로 이루어진 이중급수 $\sum f_{(n,m)}$에 대한 바이어슈트라스 판정법을 알아본다. f가 집합 X에 정의된 복소숫값 함수일 때, 집합 $\{|f(x)| : x \in X\}$의 상한을 $\|f\|_X$ 또는 간단히 $\|f\|$로 나타내자. 또한 이중급수에 관한 [글 7–C]에서와 동일한 표기법을 사용한다.

명제 A.1 각 $(n, m) \in \mathbb{Z}^2$에 대하여 $f_{(n,m)}$이 집합 X에 정의된 복소숫값 함수일 때, 이중급수 $\sum \|f_{(n,m)}\|$이 수렴하면 다음이 성립한다.

(1) 각각의 $x \in X$에 대해서 이중급수 $\sum f_{(n,m)}(x)$가 절대수렴한다.

(2) 함수 $F : X \to \mathbb{C}$를

$$F(x) = \sum f_{(n,m)}(x) \quad (x \in X)$$

로 정의하면, 임의로 주어진 일대일 대응 $\phi : \mathbb{N} \to \mathbb{Z}^2$에 대해서 함수열

$$\left\langle \sum_{k=0}^{n} f_{\phi(k)} \right\rangle_{n=0}^{\infty}$$

가 F로 X에서 고르게 수렴한다.

증명

(1) [글 7–C]에서 언급한 이중급수의 비교판정법으로부터 바로 얻는다.

(2) 이를 증명하기 위해서 $\phi : \mathbb{N} \to \mathbb{Z}^2$이 일대일 대응이라고 하면, 절대수렴하는 급수의 합이 재배열에 무관하기 때문에

$$F(x) = \sum_{n=0}^{\infty} f_{\phi(n)}(x) \quad (x \in X)$$

이다. 이제 $\epsilon > 0$이면 $\mathbb{Z}^2$의 유한 부분집합 E가 존재하여

$$\sum_{(n,m)\in\mathbb{Z}^2} \|f_{(n,m)}\| - \epsilon < \sum_{(n,m)\in E} \|f_{(n,m)}\|$$

이다. 이 부등식은

$$\sum_{(n,m)\in E^C} \|f_{(n,m)}\| < \epsilon$$

과 동치이다. 여기서 E^C는 E의 ($\mathbb{Z}^2$에 대한) 여집합이다. $\phi : \mathbb{N} \to \mathbb{Z}^2$이 일대일 대응이고 E가 유한집합이기 때문에, 자연수 N이 존재하여 모든 $k > N$에 대하여 $\phi(k) \notin E$이다. 따라서

$$\sum_{k=N+1}^{\infty} \|f_{\phi(k)}\| \leq \sum_{(n,m)\in E^C} \|f_{(n,m)}\| < \epsilon$$

이다. 끝으로 $x \in X$ 및 $n \geq N$을 가정하면

$$\begin{aligned} \left| F(x) - \sum_{k=0}^{n} f_{\phi(k)}(x) \right| = \left| \sum_{k=n+1}^{\infty} f_{\phi(k)}(x) \right| &\leq \sum_{k=n+1}^{\infty} \|f_{\phi(k)}\| \\ &\leq \sum_{k=N+1}^{\infty} \|f_{\phi(k)}\| < \epsilon \end{aligned}$$

이다. 이렇게 하여 (2)가 증명되었다. ■

삼각부등식으로부터 $|n + mi| \leq |n| + |m|$이고, 따라서

$$(|n| + |m|)^{-r} \leq |n + mi|^{-r} \quad (r > 0)$$

이다. 그러므로 보조정리 1.5의 두 번째 급수가 수렴하면 첫 번째 급수도 수렴한다. 한편 다음 명제로부터 보조정리 1.5의 두 번째 급수가 수렴함을 안다.

명제 A.2 $r > 2$, $\delta > 0$ 및 $R > 0$을 가정하면, 이중급수

$$\sum_{(n,m)\neq(0,0)} |n + m\tau|^{-r}$$

이 집합 $\{\tau \in \mathbb{C} : \mathrm{Im}\,\tau \geq \delta,\ |\tau| \leq R\}$에서 명제 A.1의 조건을 만족시킨다.

증명

우선 $\tau \in \mathbb{C} \setminus \{0\}$일 때

$$\min_{t\in\mathbb{R}} |1 + t\tau| = \frac{|\mathrm{Im}\,\tau|}{|\tau|}, \quad \min_{t\in\mathbb{R}} |t + \tau| = |\mathrm{Im}\,\tau|$$

가 성립함을 쉽게 안다. 이로부터 $\text{Im}\,\tau > 0$이면 함의관계

$$n \neq 0 \quad \Longrightarrow \quad |n+m\tau| \geq \frac{|n|\,\text{Im}\,\tau}{|\tau|}$$

및

$$m \neq 0 \quad \Longrightarrow \quad |n+m\tau| \geq |m|\,\text{Im}\,\tau$$

를 얻기 때문에 $r>0$, n, $m \neq 0$에 대하여

$$|n+m\tau|^{-r} = |n+m\tau|^{-r/2}\,|n+m\tau|^{-r/2} \leq \frac{|\tau|^{r/2}}{(\text{Im}\,\tau)^r}|nm|^{-r/2}$$

이다. 이제 $(n,m) \neq (0,0)$에 대해서

$$M_{(n,m)} = \begin{cases} \delta^{-r}|m|^{-r} & (n=0;\ m\neq 0) \\ |n|^{-r} & (m=0;\ n\neq 0) \\ R^{r/2}\delta^{-r}|nm|^{-r/2} & (n,m\neq 0) \end{cases}$$

으로 두면

$$|n+m\tau|^{-r} \leq M_{(n,m)} \quad (\text{Im}\,\tau \geq \delta;\ |\tau| \leq R)$$

이다. 또한 $r>2$이면

$$\begin{aligned}\sum_{(n,m)\neq(0,0)} M_{(n,m)} &= 2\delta^{-r}\sum_{m=1}^{\infty} m^{-r} + 2\sum_{n=1}^{\infty} n^{-r} + 4R^{r/2}\delta^{-r}\left(\sum_{n=1}^{\infty} n^{-r/2}\right)^2 \\ &< \infty\end{aligned}$$

이다. 이로부터 원하는 결과를 얻는다. ■

다음 정리가 『STEIN 복소해석학』 9장 2.1절 정리 2.1을 증명하는 데 쓰인다.

정리 A.3 k가 3 이상인 자연수이면, 이중급수

$$\sum_{(n,m)\neq(0,0)} \frac{1}{(n+m\tau)^k}$$

이 상반평면 $\text{Im}\,\tau > 0$의 각 점에서 절대수렴하고, 극한함수가 같은 반평면에서 해석적이다.

증명

명제 A.2에 따라 이중급수

$$\sum_{(n,m)\neq(0,0)} \frac{1}{(n+m\tau)^k}$$

이 상반평면 $\operatorname{Im}\tau > 0$의 각 점에서 절대수렴하고, 모든 재배열이 $\operatorname{Im}\tau > 0$의 콤팩트 집합에서 고르게 수렴한다. 또한 각각의 $(n,m)\neq(0,0)$에 대하여 함수 $(n+m\tau)^{-k}$이 상반평면 $\operatorname{Im}\tau > 0$에서 해석적이다. 이로부터 원하는 결과를 얻는다. ■

이제 보조정리 1.5의 증명 뒤에 주어진 비고[2]를 살펴보기 위해서, 관련된 조건 또는 명제를 나열한다. $r > 2$를 가정하고 $(n,m)\neq(0,0)$, $\operatorname{Im}\tau > 0$에 대해서 $|n+m\tau|^{-r}$을 $f_{(n,m)}(\tau)$로 나타내자.

(1) 모든 $\delta > 0$에 대하여 다음 이중급수가 반평면 $\operatorname{Im}\tau \geq \delta$에서 고르게 수렴한다.

$$\sum_{(n,m)\neq(0,0)} f_{(n,m)}(\tau)$$

(1-1) 모든 $\delta > 0$과 모든 일대일 대응 $\phi : \mathbb{N} \to \mathbb{Z}^2 \setminus \{(0,0)\}$에 대하여 다음 급수가 반평면 $\operatorname{Im}\tau \geq \delta$에서 고르게 수렴한다.

$$\sum_{n=0}^{\infty} f_{\phi(n)}(\tau)$$

(1-2) 각각의 $\delta > 0$에 대하여 일대일 대응 $\phi : \mathbb{N} \to \mathbb{Z}^2 \setminus \{(0,0)\}$이 존재하여 다음 급수가 반평면 $\operatorname{Im}\tau \geq \delta$에서 고르게 수렴한다.

$$\sum_{n=0}^{\infty} f_{\phi(n)}(\tau)$$

(2) 각 $\delta > 0$에 대하여 양수 c가 존재하여 모든 n, $m \in \mathbb{Z}$에 대해서 함의관계

$$\operatorname{Im}\tau \geq \delta \quad \Longrightarrow \quad |n| + |m| \leq c\,|n+m\tau|$$

가 성립한다.

2 『STEIN 복소해석학』 302p를 참고하라.

(3) $\delta,\ R > 0$을 가정하면 모든 일대일 대응 $\phi : \mathbb{N} \to \mathbb{Z}^2 \setminus \{(0,0)\}$에 대하여 다음 급수가 집합 $\{\tau \in \mathbb{C} : \operatorname{Im}\tau \geq \delta,\ |\tau| \leq R\}$에서 고르게 수렴한다.

$$\sum_{n=0}^{\infty} f_{\phi(n)}(\tau)$$

우선, 정리 A.3이 아이젠슈타인 급수에 관한 『STEIN 복소해석학』 9장 2절의 논의를 정당화함을 확인하라. (1)은 비고 의 내용을 이 글에서 도입한 표기법으로 나타낸 것인데, '이중급수가 고르게 수렴한다'의 뜻이 분명치 않다. 이것을 (1-1) 또는 (1-2)로 이해할 수 있는데, 어느 것이든 정리 A.3을 함의한다. 『STEIN 복소해석학』 9장 보조정리 1.5의 앞부분과 명제 A.1에 의하여 (2)가 (1-1)을 함의한다. 그러나 앞에서도 알아보았듯이 (2)는 참이 아니다. 이런 까닭에 (1-1) 또는 (1-2)의 진위가 분명치 않다. 한편 명제 A.1과 명제 A.2의 결과인 (3)도 정리 A.3을 함의하기 때문에 『STEIN 복소해석학』 9장 2절의 논의를 전개하기에 충분하다. 요컨대, 비고 의 내용을 'K가 반평면 $\operatorname{Im}\tau > 0$에 놓여 있는 컴팩트 집합이면, 이중급수

$$\sum_{(n,m)\neq(0,0)} \frac{1}{|n+m\tau|^r}$$

의 모든 재배열이 K에서 고르게 수렴한다.'라고 받아들이면 큰 문제가 없다.

10

세타함수의 응용
Applications of Theta Functions

『STEIN 복소해석학』 10장 정리 3.4의 증명[1]에서 일차분수변환으로 이루어진 군(group)의 성질이 쓰인다. 관련된 내용을 살펴본다.

10-A 구성원이 일차분수변환인 군

10장 3.1절

각각의 복소수 a에 대하여 평행이동변환 $\tau \mapsto \tau + a$를 T_a로 나타내자. 즉 $T_a(\tau) = \tau + a$이다. 자명하게 a, $b \in \mathbb{C}$에 대하여 $T_a \circ T_b = T_{a+b}$가 성립한다. T_a가 행렬

$$\begin{pmatrix} 1 & a \\ 0 & 1 \end{pmatrix}$$

로 표현되는 일차분수변환이라는 것도 자명하다. T_a가 상반평면 $\mathbb{H}$의 자기동형사상일 필요충분조건은 a가 실수인 것이다. 즉

$$T_a \in \text{Aut}(\mathbb{H}) \quad \Longleftrightarrow \quad a \in \mathbb{R}$$

이다. 이때 자명하게 모든 τ에 대해서 $\text{Im}\, T_a(\tau) = \text{Im}\, \tau$가 성립한다.

변환 $\tau \mapsto -1/\tau$를 S로 나타낸다. 여기서 S는 행렬

$$\begin{pmatrix} 0 & -1 \\ 1 & 0 \end{pmatrix}$$

으로 표현되는 일차분수변환이다. $S \in \text{Aut}(\mathbb{H})$ 및 $S^{-1} = S$를 바로 안다. 모든 τ에 대해서 $\text{Im}(-1/\tau) = \text{Im}\, \tau / |\tau|^2$이므로 다음이 성립한다.

$$\forall \tau \in \mathbb{H} \quad \text{Im}\, S(\tau) > \text{Im}\, \tau \iff |\tau| < 1$$

집합 E와 G를 각각 $E = \{T_{2n} : n \in \mathbb{Z}\} \cup \{S\}$와

$$G = \{g_1 \circ g_2 \circ \cdots \circ g_k : g_1, g_2, \cdots, g_k \in E,\ k = 1, 2, \cdots\}$$

1 『STEIN 복소해석학』 337–339p를 참고하라.

로 정의하면 G가 $\mathrm{Aut}(\mathbb{H})$의 **부분군(subgroup)**임이 자명하다.

즉 다음이 성립한다.

(1) $G \subset \mathrm{Aut}(\mathbb{H})$

(2) $\forall g \in G \quad g^{-1} \in G$

(3) $\forall g, h \in G \quad g \circ h \in G$

이때 $\widetilde{G}$가 $\mathrm{Aut}(\mathbb{H})$의 부분군이고 또한 T_2, $S \in \widetilde{G}$이면 포함관계 $G \subset \widetilde{G}$가 성립함을 쉽게 확인할 수 있다. 이런 뜻에서 G를 **T_2와 S로 생성된 군(the group generated by T_2 and S)**이라고 부른다. 각각의 $n \in \mathbb{Z}$에 대해서 T_{2n}이 행렬

$$\begin{pmatrix} 1 & 2n \\ 0 & 1 \end{pmatrix}$$

로 표현되기 때문에, 각각의 $g \in G$에 대해서 정수 a, b, c, d가 존재하여 g가 행렬

$$\begin{pmatrix} a & b \\ c & d \end{pmatrix}$$

로 표현된다. 이때 $ad - bc = 1$이다.[2]

집합 $\mathbb{Z}^2 \setminus \{(0,0)\}$의 부분집합 L이 비어있지 않으며 $\tau \in \mathbb{H}$이면 집합

$$\{c\tau + d : (c,d) \in L\}$$

의 모든 구성원이 0과 다른데, 이 집합의 원소 가운데 절댓값이 최소인 것이 있음을 쉽게 확인할 수 있다. 즉,

$$\min\{|c\tau + d| : (c,d) \in L\}$$

이 존재한다.

상반평면의 부분집합 $\mathcal{F}$를 아래와 같이 정의한다.

$$\mathcal{F} = \{\tau \in \mathbb{H} : -1 \le \mathrm{Re}\,\tau \le 1,\ |\tau| \ge 1\}$$

정리 3.4의 증명에 다음 보조정리가 쓰인다.

2 크기가 같은 두 정사각행렬 곱의 행렬식이 각각의 행렬식의 곱과 같기 때문이다.

다시 기술한 『STEIN 복소해석학』 10장 보조정리 3.5

각각의 $\tau \in \mathbb{H}$에 대해서 $g \in G$가 존재하여 $g(\tau) \in \mathcal{F}$이다.

증명

$a,\ b,\ c,\ d \in \mathbb{R},\ ad - bc = 1,\ \tau \in \mathbb{C}$에 대해서 다음이 성립함을 쉽게 확인할 수 있다.

$$\operatorname{Im} \frac{a\tau + b}{c\tau + d} = \frac{\operatorname{Im} \tau}{|c\tau + d|^2}$$

다음 조건을 만족시키는 $(c, d) \in \mathbb{Z}^2$의 집합을 L로 나타내자.

“정수 a, b가 존재하여 행렬 $\left(\begin{smallmatrix} a & b \\ c & d \end{smallmatrix}\right)$로 표현되는 일차분수변환이 G의 구성원이다.”

자명하게 L의 구성원은 모두 $(0, 0)$과 다르다. 이제 $\tau \in \mathbb{H}$를 가정하면

$$\{\operatorname{Im} g(\tau) : g \in G\} = \left\{ \frac{\operatorname{Im} \tau}{|c\tau + d|^2} : (c, d) \in L \right\}$$

이 성립한다. 이때 집합 $\{c\tau + d : (c, d) \in L\}$의 구성원 가운데 절댓값이 최소인 것이 있기 때문에 다음과 같은 $g_0 \in G$가 존재한다.

$$\forall\, g \in G \quad \operatorname{Im} g(\tau) \le \operatorname{Im} g_0(\tau)$$

이제 $n = \lfloor (\operatorname{Re} g_0(\tau) + 1)/2 \rfloor$, $g_1 = T_{-2n} \circ g_0$로 두면

$$-1 \le \operatorname{Re} g_1(\tau) < 1 \text{ 및 } \operatorname{Im} g_1(\tau) = \operatorname{Im} g_0(\tau)$$

가 성립한다. 그러므로 $|g_1(\tau)| \ge 1$을 보이면 증명이 끝난다. 우선 $S \circ g_1 \in G$로부터

$$\operatorname{Im} S(g_1(\tau)) \le \operatorname{Im} g_1(\tau)$$

가 성립하는데, 만일 $|g_1(\tau)| < 1$이면 앞서 알아본 S의 성질에 의하여

$$\operatorname{Im} S(g_1(\tau)) > \operatorname{Im} g_1(\tau)$$

가 성립해야 하기 때문에 모순을 얻는다. 따라서 $|g_1(\tau)| \ge 1$이다. ■

10-B 10장 정리 3.4의 증명

10장 3.1절

이 글은 앞에서와 같은 표기법을 사용하며, 단위원판을 $\mathbb{D}$로 나타낸다. 즉, $\mathbb{D} = \{z : |z| < 1\}$이다. $0 < r < 1$에 대하여 집합 $\{z : |z| < r\}$을 $\mathbb{D}_r$로 나타내고, $t > 0$에 대하여 집합 $\{\tau : \operatorname{Im}\tau > t\}$를 $\mathbb{H}_t$로 나타내자. f가 집합 E에 정의된 복소숫값 함수일 때 $\sup\{|f(x)| : x \in E\}$를 $\|f\|_E$로 표기한다. 다음 보조정리는 최대 절댓값 원리의 결과이다. 증명은 과제로 남긴다.

보조정리 B.1 비상수 함수 h가 단위원판 $\mathbb{D}$에서 해석적이면, $0 < r < 1$에 대해서 다음과 같다.

$$\|h\|_{\mathbb{D}_r} < \|h\|_{\mathbb{D}}$$

보조정리 B.2 비상수 함수 f가 상반평면 $\mathbb{H}$에서 해석적이고 a가 0과 다른 실수이며 $\|f\|_{\mathbb{H}} < \infty$일 때, $f = f \circ T_a$이면 모든 양수 t에 대해 다음과 같다.

$$\|f\|_{\mathbb{H}_t} < \|f\|_{\mathbb{H}}$$

증명

영역 $U = \mathbb{C} \setminus (-\infty, 0]$과 $V = \mathbb{C} \setminus [0, \infty)$에 로그함수 $\log_U$와 $\log_V$를 각각

$$\log_U\left(re^{i\theta}\right) = \ln r + i\theta \quad (r > 0;\ -\pi < \theta < \pi),$$

$$\log_V\left(re^{i\theta}\right) = \ln r + i\theta \quad (r > 0;\ 0 < \theta < 2\pi)$$

로 정의하면, $z \in \mathbb{D} \setminus \{0\}$에 대하여

$$\frac{a}{2\pi i}\log_U z,\ \frac{a}{2\pi i}\log_V z \in \mathbb{H}$$

가 성립하고 또한 $z \in U \cap V$에 대하여

$$\frac{a}{2\pi i}(\log_V z - \log_U z) = \begin{cases} 0 & (\operatorname{Im} z > 0) \\ a & (\operatorname{Im} z < 0) \end{cases}$$

이 성립함을 쉽게 확인할 수 있다. 함수 $h_U : \mathbb{D} \cap U \to \mathbb{C}$와 $h_V : \mathbb{D} \cap V \to \mathbb{C}$를

$$h_U(z) = f\left(\frac{a}{2\pi i}\log_U z\right), \quad h_V(z) = f\left(\frac{a}{2\pi i}\log_V z\right)$$

로 정의하면 이 함수들은 각자의 정의역에서 해석적이고 또한 $f = f \circ T_a$이기 때문에

$$h_U(z) = h_V(z) \quad (z \in \mathbb{D} \cap U \cap V)$$

이다. 그러므로

$$h(z) = \begin{cases} h_U(z) & (z \in \mathbb{D} \cap U) \\ h_V(z) & (z \in \mathbb{D} \cap V) \end{cases}$$

로 정의된 함수 h는 영역 $\mathbb{D} \setminus \{0\}$에서 해석적이다. 정의로부터 모든 $\tau \in \mathbb{H}$에 대하여

$$h\left(e^{2\pi i\tau/a}\right) = f(\tau)$$

이다. 자명하게

$$\left\{e^{2\pi i\tau/a} : \tau \in \mathbb{H}\right\} = \mathbb{D} \setminus \{0\}$$

이므로 $\|h\|_{\mathbb{D}\setminus\{0\}} = \|f\|_{\mathbb{H}}$를 얻는다. $\|f\|_{\mathbb{H}} < \infty$를 가정하였기 때문에『STEIN 복소해석학』3장 정리 3.1에 의하여 원점이 h의 제거가능한 고립 특이점이다. 즉, h가 $\mathbb{D}$ 전체에서 해석적인 함수로 확장된다.

지금부터 h가 단위원판 $\mathbb{D}$에서 해석적이라고 가정한다. 최대 절댓값 원리에 따라 $|h(0)| \le \|h\|_{\mathbb{D}\setminus\{0\}}$인데 이로부터 $\|h\|_{\mathbb{D}} = \|h\|_{\mathbb{D}\setminus\{0\}}$을 얻고, 따라서 $\|h\|_{\mathbb{D}} = \|f\|_{\mathbb{H}}$이다. 또한 h가 비상수 함수라는 것이 자명하다.

이제 $t > 0$을 가정하고 $r = e^{-2\pi t/a}$으로 두면 $0 < r < 1$ 및

$$\left\{e^{2\pi i\tau/a} : \tau \in \mathbb{H}_t\right\} = \mathbb{D}_r \setminus \{0\}$$

이 성립하므로 보조정리 B.1에 의하여 다음을 얻는다.

$$\|f\|_{\mathbb{H}_t} = \|h\|_{\mathbb{D}_r\setminus\{0\}} < \|h\|_{\mathbb{D}} = \|f\|_{\mathbb{H}} \qquad \blacksquare$$

[글 10–A]처럼 $T_a(\tau) = \tau + a$, $S(\tau) = -1/\tau$로 두고 T_2와 S로 생성된 군을 G로 나타내자. $\mathbb{H}$에서 해석적인 함수 f가 **G–불변**이라는 것은 모든 $g \in G$에 대해서 $f \circ g = f$가 성립함을 뜻한다. 다음 명제가 자명하다.

> **명제 B.3** 상반평면에서 해석적인 함수 f가 G–불변일 필요충분조건은 $f \circ T_2 = f \circ S = f$인 것이다.

『STEIN 복소해석학』 10장 정리 3.4를 다음과 같이 기술해도 된다.

> **다시 기술한 『STEIN 복소해석학』 10장 정리 3.4**
> 상반평면에서 해석적인 함수 f가 G–불변이고 유계이면, f는 상수함수이다.

증명

우선 다시 기술한 10장 보조정리 3.5로부터 $f(\mathbb{H}) = f(\mathcal{F})$이고, 따라서

$$\|f\|_{\mathbb{H}} = \|f\|_{\mathcal{F}}$$

이다. 모순을 얻기 위해서 f가 비상수 함수라고 가정하자. $a = 2$에 대하여 보조정리 B.2를 적용하면

$$\|f\|_{\mathbb{H}_t} < \|f\|_{\mathbb{H}} \quad (t > 0)$$

이다. 함수 $F : \mathbb{H} \to \mathbb{C}$를 $F = f \circ T_1 \circ S$로 정의하면, F는 상반평면에서 해석적이고 유계이며 상수함수가 아니다. 또한 $\|F\|_{\mathbb{H}} = \|f\|_{\mathbb{H}}$가 자명하다. 간단한 계산을 통하여 $S \circ T_1 \circ S \circ T_1 = T_{-1} \circ S$를 알 수 있다. 또한 $f \circ S = f \circ T_{-2} = f$이므로

$$\begin{aligned} F \circ T_1 &= f \circ T_1 \circ S \circ T_1 = f \circ S \circ T_1 \circ S \circ T_1 \\ &= f \circ T_{-1} \circ S = f \circ T_{-2} \circ T_1 \circ S = f \circ T_1 \circ S \\ &= F \end{aligned}$$

이다. 이제 $a = 1$에 대하여 보조정리 B.2를 적용하면

$$\|F\|_{\mathbb{H}_t} < \|F\|_{\mathbb{H}} \quad (t > 0)$$

이다. 한편 $t > 0$일 때 $s = (2t)^{-1}$로 두면

$$(T_1 \circ S)(\mathbb{H}_t) = D(1 + is; s)$$

를 쉽게 확인할 수 있다. 따라서

$$\|f\|_{D(1+is;s)} = \|F\|_{\mathbb{H}_t} < \|f\|_{\mathbb{H}}$$

를 얻는데, $f \circ T_2 = f$이기 때문에 $\|f\|_{D(1+is;s)} = \|f\|_{D(-1+is;s)}$이다. 그러므로 모든 $s > 0$에 대해서

$$\|f\|_{D(1+is;s)} = \|f\|_{D(-1+is;s)} < \|f\|_{\mathbb{H}}$$

이다. 요컨대 모든 양수 s, t에 대해서 세 값 $\|f\|_{D(1+is;s)}$, $\|f\|_{D(-1+is;s)}$, $\|f\|_{\mathbb{H}_t}$가 모두 $\|f\|_{\mathbb{H}}$보다 작다.

집합 $\mathcal{F} \setminus \big(\mathbb{H}_2 \cup D(1+i;1) \cup D(-1+i;1)\big)$을 $\widetilde{\mathcal{F}}$로 나타내자. $\widetilde{\mathcal{F}}$는 비어있지 않으며 $\mathbb{H}$에 포함되는 콤팩트 집합이다. 따라서 어떤 $\tau_0 \in \widetilde{\mathcal{F}}$에 대하여 $|f(\tau_0)| = \|f\|_{\widetilde{\mathcal{F}}}$인데, $\|f\|_{\mathbb{H}_2}$, $\|f\|_{D(1+i;1)}$, $\|f\|_{D(-1+i;1)}$이 모두 $\|f\|_{\mathcal{F}}$보다 작기 때문에 $|f(\tau_0)| = \|f\|_{\mathcal{F}} = \|f\|_{\mathbb{H}}$이다. 이는 영역 $\mathbb{H}$에서 해석적인 함수 f의 절댓값이 $\tau_0 \in \mathbb{H}$에서 최대가 된다는 것이므로, f가 비상수 함수라는 가정에 모순이다.

다른 방법으로 모순을 얻을 수도 있다. 이를테면 포함관계

$$\mathcal{F} \subset \mathbb{H}_{1/2} \cup D(1+i;1) \cup D(-1+i;1)$$

을 쉽게 확인할 수 있다. 이로부터

$$\|f\|_{\mathcal{F}} \leq \max\left\{\|f\|_{\mathbb{H}_{1/2}}, \|f\|_{D(1+i;1)}, \|f\|_{D(-1+i;1)}\right\} < \|f\|_{\mathbb{H}}$$

를 얻는데, 이는 $\|f\|_{\mathbb{H}} = \|f\|_{\mathcal{F}}$에 모순이다. ■

찾아보기